高等职业院校机电类专业"十三五"系列规划教材

机构及零部件实践训练

JIGOU JI LINGBUJIAN SHIJIAN XUNLIAN

宋国强 编著

合肥工业大学出版社

内容提要

本书是《机械设计基础》的配套教材,但具有一定的独立性,也可配套其他类似的教材使用。主要论述了机构及零部件实践训练的相关知识,主要内容为缝纫机的机构运动分析、内燃机的机构运动分析、机构设计实践、自行车的拆装、齿轮传动机构设计实践等5部分内容。

本书可以作为高等职业院校机械类或近机械类专业教材,也可以作为培训机构和企业的培训教材以及相关技术人员的参考用书。

图书在版编目(CIP)数据

机构及零部件实践训练/宋国强编著. —合肥:合肥工业大学出版社,2017.1
ISBN 978-7-5650-3230-1

Ⅰ.①机… Ⅱ.①宋… Ⅲ.①机构—零部件—基本知识 Ⅳ.①TH112

中国版本图书馆 CIP 数据核字(2017)第 009053 号

机构及零部件实践训练

宋国强 编著　　　　　　　　　　　　责任编辑　马成勋

出　版	合肥工业大学出版社	版　次	2017年1月第1版
地　址	合肥市屯溪路193号	印　次	2017年1月第1次印刷
邮　编	230009	开　本	787毫米×1092毫米　1/16
电　话	理工图书编辑部:0551-62903200	印　张	4.25
	市场营销部:0551-62903198	字　数	100千字
网　址	www.hfutpress.com.cn	印　刷	合肥星光印务有限责任公司
E-mail	hfutpress@163.com	发　行	全国新华书店

ISBN 978-7-5650-3230-1　　　　　　　　　　定价:15.00元

如果有影响阅读的印装质量问题,请与出版社市场营销部联系调换

前　言

高职院校机械类专业学生在进行机械设计或机构设计等课程设计时一直都延续本科内容，是对减速器的设计。尽管内容有所精简，但还是一直逃不出"小本科"范围。在多年的机械设计、机构设计课程的教学实践中，编写本书的目的是为了解决学生和教师在课程设计过程中遇到的一些问题，同时也是为了适应高职教育对机械类专业的要求，高职教学对机械设计、机构设计等课程的要求。

本书在设计内容的时候考虑高职学生对这门课的理解程度，为了使学生"愿意去做、能去做、会做"，在课程内容的编排上注重理论知识和实践紧密结合，每一章节都有动手和设计的环节，这样安排的目的是为了让学生体会到机械设计或机构设计课程的重要性。

高职课程尽管不能够完全代替企业的培训内容，但在课程设计上要注重适应技能型人才培养的要求，着重职业能力的培养和训练。本书是机械设计或机构设计课程设计的指导书，也可作为机构及零部件实践训练的指导书，体现了基于岗位分析和工作过程的高职教学理念。在教学中注重以学生"学"为中心，教师的"指导"为辅，使学生能够在完成拆装设备和设计任务中体会到"做中学、学中做"的乐趣，领会工作与学习的重要性。

全书总共包括5个章节，分别是：学习情境1缝纫机的机构运动分析、学习情境2内燃机的机构运动分析、学习情境3机构设计实践——摆动式搬运机机构设计、学习情境4自行车的拆装、学习情境5齿轮传动机构设计实践——以单级减速器的设计为例等5个情境教学内容。书后附有机械设计常用的资料，可供教师、学生和技术人员查阅。

本书由武汉城市职业学院宋国强独立编写，由于编者水平有限，书中难免有不当之处，敬请读者批评指正。

编　者
2016年12月

目 录

学习情境 1　缝纫机的机构运动分析 …………………………………………………… (1)
　　子情境 1.1　缝纫机的结构分析 ……………………………………………………… (1)
　　子情境 1.2　缝纫机的机构运动简图的分析及绘制 ………………………………… (7)

学习情境 2　内燃机的机构运动分析 …………………………………………………… (10)
　　子情境 2.1　四冲程发动机的构造及工作原理 ……………………………………… (10)
　　子情境 2.2　活塞、曲柄连杆机构和配气机构的机构运动简图的分析及绘制 …… (15)

学习情境 3　机构设计实践——摆动式搬运机机构设计 …………………………… (18)
　　子情境 3.1　摆动式搬运机的机构介绍 ……………………………………………… (18)
　　子情境 3.2　摆动式搬运机的机构设计 ……………………………………………… (19)

学习情境 4　自行车的拆装 ……………………………………………………………… (20)
　　子情境 4.1　自行车的组成 …………………………………………………………… (20)
　　子情境 4.2　自行车的拆装 …………………………………………………………… (30)

学习情境 5　齿轮传动机构设计实践——以单级减速器的设计为例 ……………… (33)
　　子情境 5.1　单级减速器的拆装 ……………………………………………………… (33)
　　子情境 5.2　单级减速器齿轮传动机构的设计 ……………………………………… (35)

附录 1　Y 系列三相异步电动机 ………………………………………………………… (52)

附录 2　标准尺寸 ………………………………………………………………………… (60)

附录 3　齿轮标准模数 …………………………………………………………………… (61)

参考文献 …………………………………………………………………………………… (62)

学习情境1 缝纫机的机构运动分析

两百多年前缝纫机诞生于英国,从此人类用机器缝纫代替了手工缝纫。设计者利用常用的机构实现了缝纫的引线、钩线、挑线及送料等四个过程。在机械领域里,缝纫机以其巧妙的构思、紧凑的结构成为一部经典的机器,它也是我们学习平面机构、凸轮机构很好的案例。

子情境 1.1 缝纫机的结构分析

学习目标

知识目标:了解缝纫机的结构及工作原理;
能力目标:能够正确识别缝纫机各机构的运动副的类型。

工作任务

(1)根据实物及示意图识别出缝纫机各组成部分的零件,了解缝纫机的结构;
(2)分析缝纫机的工作原理。

知识准备

1.1.1 家用缝纫机的基本结构(以JA型家用缝纫机为例)

家用缝纫机由机头和机架两大部分组成,大概有200多个零件。机头的作用是形成引线、钩线、挑线、送料以及绕线等功能,实现缝制衣物的迹线。机架的作用一是支撑机头;二是将脚踏板的来回往复运动转换成旋转运动,提供缝制衣物所需要的各种动力。

机头主要是由引线机构、钩线机构、挑线机构、送料机构以及绕线机构等5个机构组成。这5个机构的有机配合形成了缝纫机的线迹(如图1-1所示)。

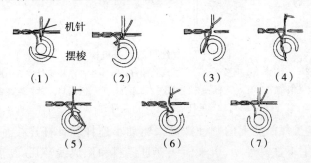

图 1-1 线迹形成过程

1. 引线机构

引线机构的主要功能是通过机针带动缝线,形成线环,为摆梭钩线作准备。JA 型家用缝纫机引线机构采用曲柄凸轮滑槽机构(如图 1-2 所示)。主要零件如下:

(1)挑线凸轮

它是引线机构、挑线机构的主要动力源,由柱头螺钉固定在上轴左端。与上轴同步转动,带动小连杆,改变力的运动方式和方向。

(2)小连杆

上轴转动挑线凸轮,通过小连杆连接轴使小连杆上下运动,带动针杆上下运动,起到转变、传导动力的中介作用。

(3)针杆

它位于针杆孔与机壳孔中,被针杆轧头带动上下运动,从而又带动机针作往复运动。

(4)针杆连接轴

用来连接针杆与小连杆,既能固定针杆,又能调节针杆的高低位置。

(5)机针

受针杆的驱动,带着面线完成刺穿缝料、抛线环等任务。

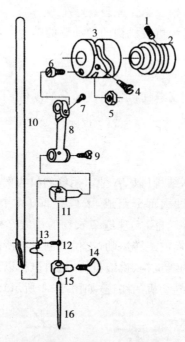

图 1-2 缝纫机的引线机构

1—前轴套螺钉;2—前轴套;3—挑线凸轮;4—挑线轮螺钉;5—小连杆圆柱螺母;6—小连杆圆柱螺钉;
7—小连杆螺钉;8—小连杆;9—针杆连接轴螺钉;10—针杆;11—针杆连接轴;
12—针杆线钩螺钉;13—针杆线钩;14—针夹螺钉;15—针夹;16—机针

固定在上轴左端挑线凸轮上的圆柱螺钉来驱动小连杆和针杆连接轴,随着挑线凸轮的转动,针杆上的机针上下往复运动,引来面线穿过缝料和形成线环后,与底线相互交织在缝料中间。(线迹的形成过程见图 1-1)

2. 钩线机构

钩线机构由摆梭、摆梭托组成。它的作用是使摆梭按顺时针或逆时针方向摆动,钩住面线形成的线环,并使面线套住底线完成缝线的交织过程。JA 型家用缝纫机采用的是摆梭式钩线机构。如图 1-3 所示,当上轴作等速旋转运动时,上轴曲柄带动大连杆上下运动,大连杆下端牵动摆轴。摆轴又通过下轴曲柄,带动下轴和摆梭托,摆梭托推着摆梭在梭床梭轨内作约 210°的弧形往复运动,从而完成钩线的工作。钩线完全靠摆梭来完成,摆梭的动力来自于上轴曲柄。钩线机构的主要零件如下:

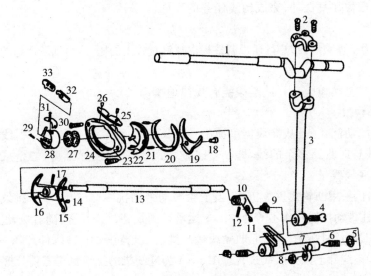

图 1-3 缝纫机的钩线机构

1—上轴;2—大连杆螺钉;3—大连杆;4—圆锥螺钉;5—大顶尖螺钉;6—大顶尖螺钉;7—摆轴;8—圆锥螺母;
9—摆轴滑块;10—下轴曲柄;11—下轴曲柄螺钉;12—下轴曲柄销;13—下轴;14—摆梭托簧螺钉;15—摆梭托簧;
16—摆梭托体;17—摆梭托销;18—压圈簧螺钉;19—压圈簧;20—梭床圈;21—梭床销;29—梭门簧;
30—梭皮;31—梭皮螺钉;32—梭门盖;33—梭门底

(1) 上轴曲柄
它是钩线机构的动力源。当上轴转动时,上轴曲柄弯带动大连杆作上下左右的平面运动。

(2) 大连杆
大连杆上端有开口,用螺钉与曲柄连接在一起。当上轴转动时,大连杆作平面运动,其运动的水平方向行程由上轴曲柄弯的回转直径决定。大连杆上下运动的行程随针距小连杆与水平方向夹角大小的变化而变化,大连杆底部锥形孔与摆轴连接并带动摆轴摆动。

(3) 摆轴
它由大连杆带动,绕中心摆动,使摆轴滑块在摆轴叉口内滑动,带动下轴曲柄运动。同时,摆轴的偏心凸轮与拾牙轴叉口配合,利用其凸轮的偏心作用,带动拍牙轴运动,用来完成送布牙的上下运动。

(4) 下轴
安装在机壳底板孔中,左端与下轴曲柄连接,右端安装摆梭托。当下轴曲柄摆动带动下轴时,下轴带动摆梭托作有规律的摆动。摆梭托的摆动角度一般有下轴曲柄的摆动角度来决定。

(5) 下轴曲柄

当摆轴运动时与下轴曲柄相连的摆轴滑块在摆轴叉口内滑动,从而使下轴曲柄摆动。

(6) 摆梭

它是缝纫机形成线迹的关键部件。它应准确无误地钩住机针在运动中抛出的小线环,并将线环不断地扩大。当面线绕过梭心套,它又将线环由摆梭斜面脱掉,使面线和底线交织在一起。

(7) 摆梭托

它是推动摆梭往复摆动、完成钩线任务的配件。

(8) 梭心套

其功能是为了埋藏底线,并且通过调整梭皮螺钉对梭皮的压力,得到较理想的底线张力。

(9) 梭床

它的作用是与摆梭配合并使摆梭能有规律地摆动。

3. 挑线机构

挑线机构的功能:一是从夹线器里抽出一定长度的面线,输送给机针引线和摆梭钩线使用,并在形成线迹时收回多余的线,即收紧线迹,为下一次输线作准备;二是从梭心里拉出每个线迹所需的底线线量。

JA型缝纫机采用凸轮式挑线机构,当上轮转动带动挑线凸轮旋转时,挑线凸轮的曲形导槽通过挑线滚柱带动挑线杆作不等速的上下运动。面线穿过挑线杆,随着机针上升或下降,形成的线环被钩上而及时将挑线收回,收紧线迹。挑线凸轮转一圈,挑线杆升降一次。挑线杆下降为供线过程,挑线杆上升为收线过程。图1-4为缝纫机的挑线机构零件分解图。

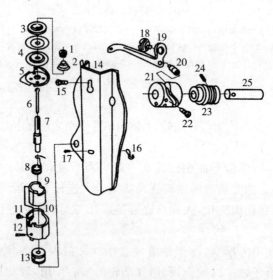

图1-4 缝纫机的挑线机构

1—夹线螺母;2—夹线簧;3—松线板;4—夹线板;5—拦线板;6—松线钉;7—夹线螺钉;8—挑线簧;9—挑线簧调节圈;10—夹线座;11—挑线调节螺钉;12—夹线固定螺钉;13—夹线螺钉座;14—面板;15—面板螺钉;16—面板线钩;17—面板线钩铆钉;18—挑线杆螺钉;19—挑线杆;20—挑线滚柱连轴;21—挑线凸轮;22—挑线凸轮螺钉;23—前轴套;24—前轴套螺钉;25—上轴

4. 送料机构

送料机构就是在引线机构和钩线机构形成线迹后,将缝料向前(或向后)移动一个针距。当机针引着面线刚出缝料时,抬布牙开始抬上来,抬上牙齿顶着缝料向前推进。当推送到预定距离后,接着下降与缝料脱离,往后返回到原来位置,又开始新的循环运动,推送缝料不断向前(如图1-5所示为送料过程)。

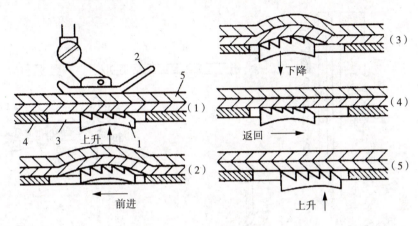

图1-5 送料过程

JA型缝纫机的送料机构一般分为两大部分:配置在机头车壳部位的是压料部分;配置在机头底板部位的是送料部分。压料的主要作用是压紧缝料以防止缝料偏移,使缝料与送布牙产生一定的摩擦力,让缝料随着送布牙一起移动,从而得到所需要的不同针距。同时,压紧缝料的摩擦力不宜太大,太大会阻止缝料的移动。

送料部分又分为两个运动部分:一是以送布凸轮为主动配件,控制前进或后退运动的针距调节机构;二是以摆轴上的抬牙凸轮为主动配件,控制上升和下降运动的执行机构。

JA型缝纫机的送料机构的构成如下(如图1-6所示)。

(1)上轴

它是机头部分各个机构的动力转运轴,它的曲轴弯处又是钩线机构的动力源。

(2)牙叉

它通过送布凸轮带动作平面运动,它的作用是带动送布曲柄摆动。

(3)针距座螺钉

它灵活地改变针距座的倾角度,使针距的大小和倒顺随之改变。

(4)送布曲柄

由牙带动作摆动运动,通过调节与送布轴的相对位置,可调整送布牙的运动起始位置。

(5)送布轴

当送布轴被送布曲柄带动后,送布轴又带动牙架运动。

(6)牙架

在送布轴的带动下,并与抬牙曲柄相配合,完成自身的前后和上下运动。

(7)抬牙轴

由抬牙偏心凸轮带动,使抬牙曲柄摆动。

(8)抬牙曲柄

使送布牙上下运动并调整送布牙的起始高低位置。

(9)送布牙

与压脚配合输送缝料,是直接接触缝料的配件,它推送缝料向前或向后运动,以实现理想的线迹。

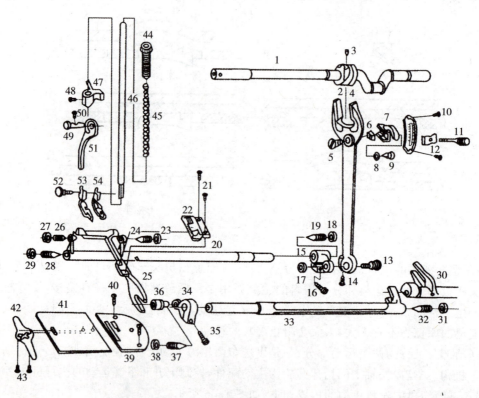

图 1-6 缝纫机的送布机构

1—上轴;2—送布凸轮;3—送布凸轮螺钉;4—牙叉;5—牙叉滑块螺钉;6—牙叉滑块;7—针距座;8—针距座垫圈;9—针距座螺钉;10—针距座牌螺钉;11—针距螺钉;12—针距螺钉座垫圈;13—牙叉连接螺钉;14—牙叉螺钉;15—送布曲柄;16—送布曲柄螺钉;17—小连杆圆柱螺母;18—大顶尖螺母;19—大顶尖螺钉;20—送布轴;21—送布牙螺钉;22—送布牙;23—小顶尖螺母;24—小顶尖螺钉;25—牙架;26—小顶尖螺钉;27—小顶尖螺母;28—大顶尖螺钉;29—大顶尖螺母;30—摆轴;31—大顶尖螺母;32—大顶尖螺钉;33—抬牙轴;34—抬牙曲柄;35—抬牙曲柄螺钉;36—抬牙滚柱;37—大顶尖螺钉;38—大顶尖螺母;39—针板;40—针板螺钉;41—推板;42—推板簧;43—推板簧螺钉;44—调压螺钉;45—压紧杆簧;46—压紧杆;47—压杆导架;48—压杆导架螺钉;49—压紧杆扳手销;50—扳手销螺钉;51—压紧杆扳手;52—压脚螺钉;53—卷边压脚;54—活压脚

5. 绕线机构

绕线机构是缝纫机四大机构之外的附属机构,一般装在缝纫机头右端的上轮一侧。它由绕线胶轮、绕线轴、绕线调节板、满线跳板和过线架组成。其作用是将缝线绕进梭心内。

JA 型缝纫机的绕线机构的构成如图 1-7 所示。

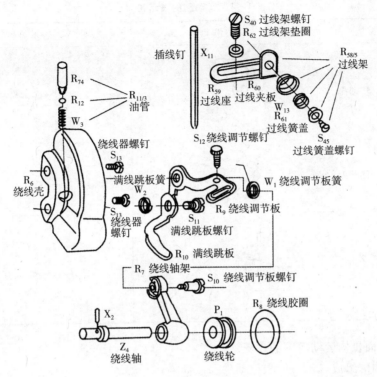

图 1-7 缝纫机的绕线机构

子情境 1.2 缝纫机的机构运动简图的分析及绘制

学习目标

知识目标:掌握机构自由度的分析过程及计算公式;掌握机构运动简图的绘制过程。

能力目标:能够正确地计算缝纫机各机构的自由度;能够正确地绘制各机构的机构运动简图。

工作任务

(1)绘制缝纫机的机构运动简图;
(2)计算缝纫机各机构的自由度。

实践训练过程

1.2.1 相关知识的复习

1. 绘制平面机构运动简图知识复习

(1)平面机构中运动副的表示符号。见表 1-1。

表 1-1 运动副的表示符号

运动副的类型		实例	表示符号
低副	转动副	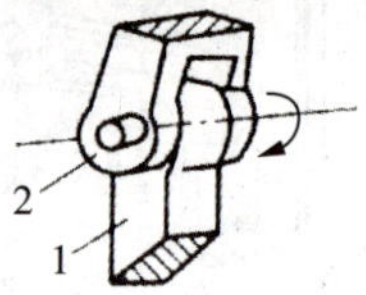	
	移动副	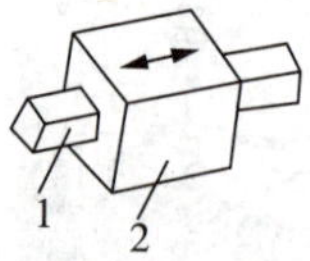	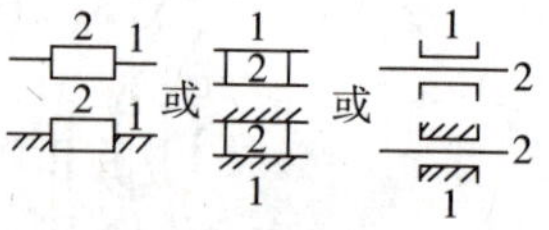
高副		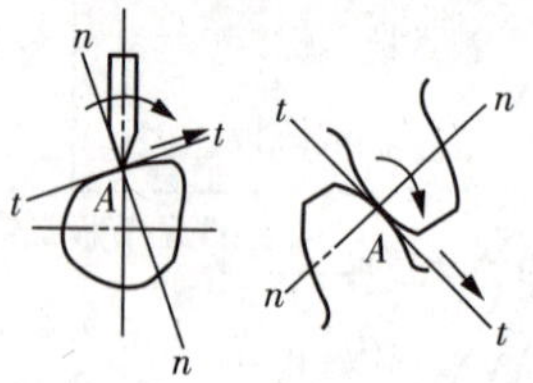	

(2) 绘制平面机构运动简图的步骤

①分析机构的组成,确定机架、原动件和从动件;

②由原动件开始,依次分析构件间的相对运动形式,确定运动副的类型和数目;

③选择适当的视图平面和原动件位置,以便清楚地表达各构件间的运动关系,通常选择与构件运动平面平行的平面作为投影面;

④选择适当的比例尺,按照各运动副间的距离和相对位置,以规定的线条和符号绘出机构运动简图。

有时仅为了表示机械的组成和运动情况,而不需要用图解法具体确定出运动参数值时,也可以不严格按比例绘图。

2. 平面机构自由度知识复习

(1) 平面机构自由度计算公式

$$F = 3n - 2P_L - P_H$$

式中 n——活动构件的个数;

P_L——低副的个数;

P_H——高副的个数。

(2) 计算平面机构自由度的注意事项

① 复合铰链

两个以上的构件用转动副在同一轴线上联接就构成复合铰链。在计算复合铰链的自由度时,转动副的个数应该是构成复合铰链构件的个数减去 1。

② 局部自由度

机构中某些不影响整个机构运动的自由度,称为局部自由度。在计算机构自由度时应将局部自由度除去不计。

③ 虚约束

不起独立限制作用的约束称为虚约束。在计算自由度时应该除去不计。

1.2.2 工作任务

1. 任务内容

(1)分析缝纫机各机构运动副的类型,判断各机构的形式;

(2)绘制缝纫机各机构的机构运动简图;

(3)计算缝纫机各机构的自由度。

2. 要求(图样如图 1-8)

(1)按照步骤绘制缝纫机的机构运动简图;

(2)用 A3 图纸绘制各机构的机构运动简图,并用引线标出各构件的名称;

(3)用大些字母(A,B,C……)在图纸上标出运动副,并在图纸空白处对应的注明运动副的名称;

(4)在图纸空白处列出自由度的计算公式,并计算出自由度的数值,同时注明活动构件的个数、低副的个数、高副的个数。

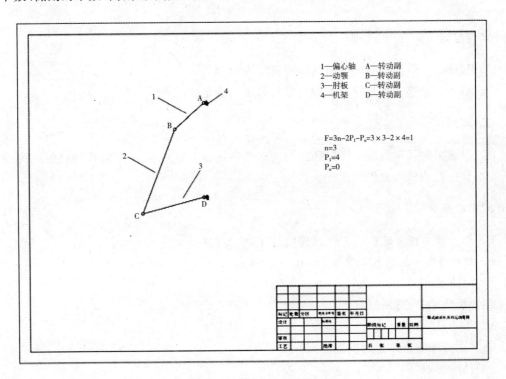

图 1-8 平面机构运动简图样式

学习情境 2　内燃机的机构运动分析

内燃机从诞生之日起,已经有 100 多年的历史了,尽管内燃机的各项性能指标不断的提高,但其基本的构造及机构运动形式却很稳定。内燃机是将化学能转换成机械能的一种机器,它将燃气混合物吸入燃烧室,通过燃烧膨胀推动活塞。活塞带动连杆,连杆带动曲轴,曲轴将动力输出,将活塞的直线运动转换成曲轴的旋转运动。

子情境 2.1　四冲程发动机的构造及工作原理

学习目标

知识目标:了解四冲程发动机的构造及工作原理。
能力目标:能够正确理解四冲程发动机各机构的工作原理。

工作任务

(1)根据实物及示意图识别出四冲程发动机各组成部分的零件,了解发动机的结构;
(2)分析发动机的工作原理。

知识准备

2.1.1　四冲程发动机的工作原理(以汽油机为例)
1. 四冲程汽油机的基本术语,如图 2-1 所示。
(1)上止点
活塞距曲轴中心最远的位置。
(2)下止点
活塞距曲轴中心最近的位置。
(3)活塞行程(S)
上、下止点间的距离。
(4)燃烧室容积(V_c)
活塞位于上止点时,活塞顶部与缸盖间的容积,又称燃烧室容积。
(5)工作容积(V_h)
活塞上、下止点之间的容积称为一个汽缸的工作容积。

(6) 总容积(V_a)

活塞在下止点时,汽缸的容积,即汽缸工作容积与压缩容积之和。

(7) 压缩比

总容积与燃烧室容积的比值称为压缩比。

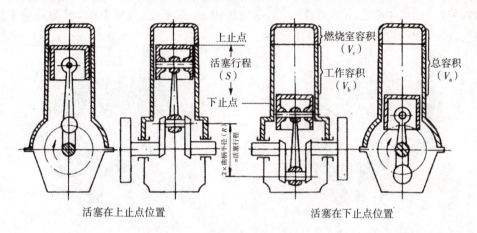

图 2-1 四冲程汽油机的基本术语

2. 四冲程汽油机的工作原理

将空气与汽油以一定比例混合成良好的混合气,在进气行程被吸入气缸。经压缩点火燃烧而变为热能,燃烧后的气体所产生的高温高压,作用于活塞顶部,推动活塞作直线运动。同时通过连杆、曲轴飞轮机构而变为旋转的机械能,对外输出做功。在四冲程的工作过程中,曲轴转两周,而发动机完成了四行程的一个循环:进气、压缩、做功、排气,在活塞的四个行程中,仅一个行程是做功的,其他三个行程都不做功,如图 2-2 所示。

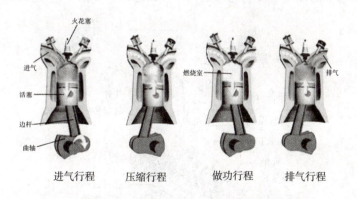

图 2-2 四冲程汽油机的工作原理

进气行程:活塞从气缸内上止点移动至下止点时,进气门打开,排气门关闭,新鲜的空气和汽油混合气被吸入气缸内。

压缩行程:进排气门关闭,活塞从下止点移动至上止点,将混合气体压缩至气缸顶部,以提高混合气的温度,为做功行程做准备。

做功行程:火花塞将压缩的气体点燃,混合气体在气缸内发生"爆炸"产生巨大压力,将活塞从上止点推至下止点,通过连杆推动曲轴旋转。

排气行程:活塞从下止点移至上止点,此时进气门关闭,排气门打开,将燃烧后的废气通过排气歧管排出气缸外。

2.1.2 四冲程发动机的基本构造(以汽油机为例)

四冲程汽油机主要有曲轴连杆机构、配气机构、冷却系统、润滑系统、燃油供给系统、点火系统、起动系统等组成。如图2-3所示。

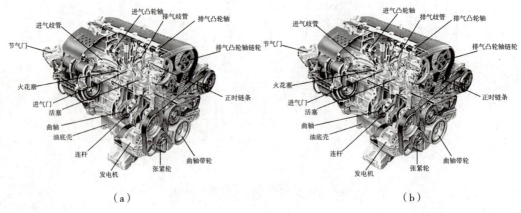

图2-3 汽油机构造剖面图

1. 曲轴连杆机构

曲轴连杆机构是发动机实现工作循环,完成能量转换的主要运动零件。它由机体组、活塞连杆组和曲轴飞轮组等组成。在做功行程中,活塞承受燃气压力在气缸内作直线运动,通过连杆转换成曲轴的旋转运动,并从曲轴对外输出动力。而在进气、压缩和排气行程中,飞轮释放能量又把曲轴的旋转运动转化成活塞的直线运动。如图2-4所示。

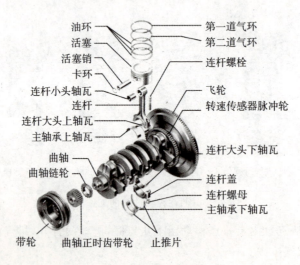

图2-4 曲轴连杆机构

2. 配气机构

配气机构大多采用顶置气门式配气机构,一般由气门组、气门传动组和气门驱动组组成。它的作用是根据发动机的工作顺序和工作过程,定时开启和关闭进气门和排气门,使可燃混合气或空气进入气缸,并使废气从气缸内排出,实现换气过程。如图2-5所示。

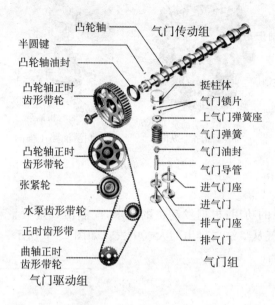

图2-5 配气机构

3. 冷却系统

水箱、节温器等组成。它的作用是将受热零件吸收的部分热量及时散发出去,保证发动机在最适宜的温度状态下工作。如图2-6所示。

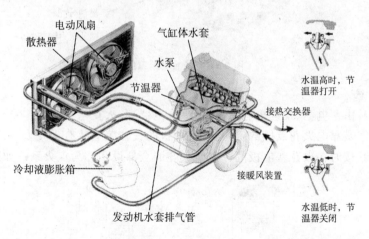

图2-6 冷却系统

4. 润滑系统

润滑系通常由润滑油道、机油泵、机油滤清器和一些阀门等组成。它的作用是向作相对运动的零件表面输送定量的清洁润滑油,以实现液体摩擦,减小摩擦阻力,减轻机件的磨损。并对零件表面进行清洗和冷却。如图2-7所示。

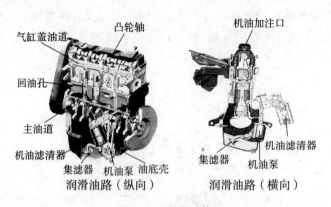

图 2-7 润滑系统

5. 燃油供给系统

汽油机燃料供给系的功用：根据发动机的要求，配制出一定数量和浓度的混合气，供入气缸，并将燃烧后的废气从气缸内排出到大气中去。如图 2-8 所示。

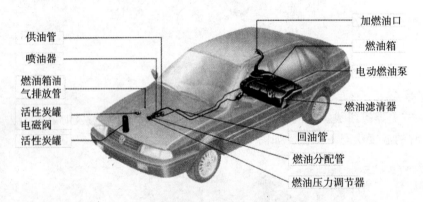

图 2-8 燃油供给系统

6. 点火系统

点火系通常由蓄电池、发电机、点火线圈、(分电器)和火花塞等组成。在汽油机中，气缸内的可燃混合气是靠电火花点燃的，为此在汽油机的气缸盖上装有火花塞，火花塞头部伸入燃烧室内。能够按时在火花塞电极间产生电火花的全部设备称为点火系。如图 2-9 所示。

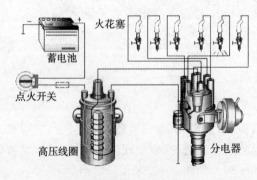

图 2-9 点火系统

7. 起动系统

起动系统一般由起动机、电磁开关、起动开关等组成。要使发动机由静止状态过渡到工作状态,必须先用外力转动发动机的曲轴,使活塞作往复运动。气缸内的可燃混合气燃烧膨胀作功,推动活塞向下运动使曲轴旋转,发动机才能自行运转,工作循环才能自动进行。因此,曲轴在外力作用下开始转动到发动机开始自动地怠速运转的全过程,称为发动机的起动。完成起动过程所需的装置,称为发动机的起动系。

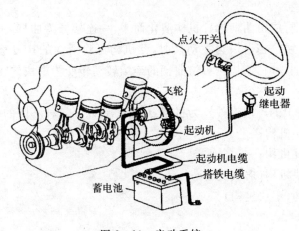

图2-10 启动系统

子情境2.2 活塞、曲柄连杆机构和配气机构的机构运动简图的分析及绘制

学习目标

知识目标:理解活塞、曲柄连杆机构和配气机构的运动形式和运动副的类型;
能力目标:能够正确绘制活塞、曲柄连杆机构和配气机构的机构运动简图。

工作任务

(1)分析活塞、曲柄连杆机构和配气机构的运动形式和运动副的类型;
(2)绘制活塞、曲柄连杆机构和配气机构的机构运动简图;
(3)计算活塞、曲柄连杆机构和配气机构的自由度。

实践训练过程

2.2.1 相关知识的复习
1. 平面四杆机构的类型判断
平面四杆机构有一个曲柄的条件是:
(1)最短杆与最长杆之和小于或等于其余两杆长度之和;

(2)最短杆为连架杆。

判别平面四杆机构的基本类型：

(1)若机构满足杆长之和条件，则有以下结论，以最短杆的邻边为机架时，为曲柄摇杆机构；以最短杆为机架时，为双曲柄机构；以最短杆的对边为机架时，为双摇杆机构。

(2)若机构不满足杆长之和条件，则只能为双摇杆机构。

2. 平面四杆机构的演化

(1)曲柄滑块机构

曲柄滑块机构可看成由曲柄摇杆机构演化而来，一连架杆为曲柄，另一连架杆相对机架作往复移动而称为滑块。当滑块为主动件时，此机构可将滑块的往复移动转变为曲柄的连续转动；当曲柄为主动件时，此机构可将曲柄的连续转动转变为滑块的往复转动。

(2)导杆机构

取曲柄滑块机构中的不同构件作为机架，可以得到以下 4 种不同的机构：

① 曲柄转动导杆机构；

② 曲柄摆动导杆机构；

③ 摆动导杆滑块机构(摇块机构)；

④ 移动导杆机构(定块机构)。

(3)偏心轮机构

偏心轮机构可看成由曲柄滑块机构演化而来，由偏心轮、连杆、滑块和机架组成的机构。

3. 凸轮机构

(1)凸轮机构由凸轮、从动件和机架 3 个基本构件组成。凸轮与从动件间的运动副为高副，由此可将主动件凸轮的连续转动或移动转换为从动件的移动或摆动。

(2)凸轮机构的分类

按凸轮的形状分类：盘状凸轮、移动凸轮、圆柱凸轮；

按从动件形状分类：尖底从动件、滚子从动件、平底从动件、曲底从动件；

按凸轮与从动件维持高副接触的方式分类：力封闭凸轮机构、形封闭凸轮机构；

按从动件的运动形式分类：直动从动件、摆动从动件。

(3)凸轮机构的基本名词

① 基圆　以凸轮转动中心为圆心，以凸轮理论轮廓曲线上的最小半径为半径所画的圆。半径用 r_b 表示。

② 推程　从动件从距凸轮转动中心的最近点向最远点的运动过程。

③ 回程　从动件从距凸轮转动中心的最远点向最近点的运动过程。

④ 行程　从动件的最大运动距离。常用 h 表示行程。

⑤ 推程角　从动件从距凸轮转动中心的最近点运动到最远点时，凸轮所转过的角度，用 Φ 表示。

⑥ 回程角　从动件从距凸轮转动中心的最远点运动到最近点时，凸轮转过的角度，用 Φ_s 表示。

⑦ 远休止角　从动件在距凸轮转动中心的最远点静止不动时，凸轮转过的角度，用 Φ 表示。

⑧ 近休止角 从动件在距凸轮转动中心的最近点静止不动时,凸轮转过的角度,用 Φ_s 表示。

⑨ 从动件的位移 凸轮转过转角 φ 时,从动件运动的位移 s 从距凸轮中心的最近点开始计量。

2.2.2

工作任务

1. 任务内容
(1)分析活塞、曲柄连杆机构和配气机构运动副的类型,判断各机构的形式;
(2)绘制活塞、曲柄连杆机构和配气机构的机构运动简图;
(3)计算活塞、曲柄连杆机构和配气机构的自由度。

2. 要求(图样如图 1-8)
(1)按照步骤绘制活塞、曲柄连杆机构和配气机构的机构运动简图;
(2)用 A3 图纸绘制各机构的机构运动简图,并用引线标出各构件的名称;
(3)用大些字母(A,B,C……)在图纸上标出运动副,并在图纸空白处对应的注明运动副的名称;
(4)在图纸空白处列出自由度的计算公式,并计算出自由度的数值,同时注明活动构件的个数、低副的个数、高副的个数。

学习情境 3　机构设计实践
——摆动式搬运机机构设计

摆动式搬运机机构设计大作业是高职机械类专业学生学习平面机构设计的基础,是本课程的一个重要教学环节。其目的在于进一步加深学生所学的理论知识,使学生能够掌握一些平面连杆的基本设计方法。

子情境 3.1　摆动式搬运机的机构介绍

学习目标

知识目标:了解摆动式搬运机基本工作原理、应用范围及基本组成;
能力目标:能够正确理解摆动式搬运机的工作原理和基本组成。

工作任务

学习摆动式搬运机基本工作原理、应用范围及基本组成。

知识准备

搬运机是生产中经常用来对货物或工件进行移位搬运的机械,进行对物料装卸、运输、升降、堆垛和储存的机械设备,多用于自动生产线、自动机的上下料。搬运机一般由执行系统、驱动系统、控制系统组成,主要完成移动动作。它通过六杆机构运动,让执行器等结构部件按照规定的要求进行工作。

摆动式搬运机越来越多的被应用到工业制造与加工的各种工作现场,使工厂的制造与加工效率得到了进一步的提高,替代了手工劳动而且具备了程序控制精度较高、关节活动灵活等诸多优点。同时这也使得小型简单搬运机的发展进入了加速阶段,各种搬运机在结构设计方面不断的发展和创新,这些小型摆动式搬运机的结构简单、控制灵活、容易加工制造,得到了许多搬运过程需要搬运机的工厂的青睐,并在不同的搬运场合得到了广泛的应用。

摆动式搬运机一般应用在自动生产线上,在特定的工作场合来完成对货物的搬运作用,可以把货物从一条生产线转送到另一条生产线,可以把待加工或者待处理的材料从待加工处输送到我们给定的特定位置,也可以把材料从一个加工工作台移送到另一个加工工作台。

摆动式搬运机主要有执行系统,驱动系统,控制系统等 3 大部分组成,而每个部分又不是很严格的分割的,都有一些交互相容的地方。

执行系统主要是一个移动副组成的,物体放在滑块上,滑块做左右移动以完成搬运动作。

驱动系统主要是电机带动飞轮旋转,飞轮驱动这个六杆机构运动。

控制系统主要是可变电阻器和各种限位开关。

子情境 3.2 摆动式搬运机的机构设计

3.2.1 机构简介

摆动式搬运机是生产中经常用来对较笨重的货物或工件进行移位搬运的机械,其工作原理如图 3-1 所示,电动机通过减速轮系(减速器)驱动一个六杆机构,原动构件 1 为该机构的曲柄 O_1A,而滑块 5 为其输出构件,利用滑块 5 的往复移动来搬运货物或工件。其中 $O_3B:O_3C=0.8$

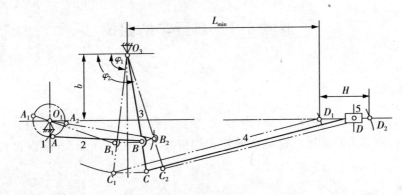

图 3-1 摆动式搬运机的工作原理图

3.2.2 设计数据

表 3-1 摆动式搬运机机构设计数据

符号	n_1	H	b	L_{min}	φ_1	φ_2	K	O_3B
单位	r/min	mm	mm	mm	(°)	(°)		mm
方案1	60	200	120	1100	70	110	1.5	234
方案2	65	250	135	1200	65	115	1.7	236
方案3	70	300	150	1400	60	120	2.0	240

3.3.3 设计内容

(1)用图解法及解析法设计平面连杆机构,并绘制机构运动简图;

(2)确定各构件的尺寸;

(3)以上内容均在一张 A3 图纸上完成。

学习情境 4　自行车的拆装

自行车是人类发明的最成功的人力机械之一,已经有200多年的历史,它是由许多简单机械组成的。链传动机构和棘轮机构是它的两个重要的机构传动形式。自行车的拆装实训的目的就是使学生能够在拆装自行车的过程中对着两个重要的机构传动形式进行学习。

子情境 4.1　自行车的组成

学习目标

知识目标:了解自行车的构造及工作原理,掌握自行车各部件的拆装知识;

能力目标:能够正确运用机构运动的知识理解自行车的工作原理、掌握自行车的拆装知识。

工作任务

(1)根据实物及示意图识别出自行车各组成部分的零件,了解自行车的结构;
(2)分析自行车的工作原理。

知识准备

4.1.1　自行车的构造

一辆自行车总共由1000多个零件组装而成。这些零件组成25个部件,分成两大类:基本部件和辅助部件。

1. 基本部件

基本部件共有16件:车架部件、前叉部件、车把部件、前闸部件、前轴部件、后轴部件、中轴部件、链罩部件、脚蹬部件、飞轮部件、前轮部件、车铃部件、后轮部件、链条部件、鞍座部件、后闸部件。

2. 辅助部件

辅助共有9件:衣架部件、车锁部件、保险叉部件、工具部件、支架部件、前泥板部件、气筒部件、车灯部件、后泥板部件。在自行车中,基本部件缺一不可,辅助部件次要,但少一个也会不够安全或不方便。

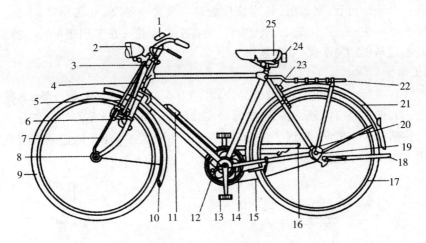

图 4-1 自行车的构造

1—车铃部件；2—车灯部件；3—车把部件；4—车架部件；5—前闸部件；6—前叉部件；7—保险叉部件；8—前轴部件；9—前轮部件；10—前泥板部件；11—气筒部件；12—中轴部件；13—脚蹬部件；14—后闸部件；15—链条部件；16—链罩部件；17—后轮部件；18—支架部件；19—飞轮部件；20—后轴部件；21—后泥板部件；22—衣架部件；23—车锁部件；24—工具部件；25—鞍座部件

4.1.2 自行车各部件的拆装知识

1. 车架部件

车架部件是构成自行车的基本结构体，也是自行车的主体。自行车上的其他部件都是直接或间接地与车架组合，成为具有承受骑车人及其所带货物重量的刚性骨架。另外，由于自行车是依靠人体自身的动力和骑车技能，使自行车向前行驶，所以车架便成为承受自行车在行驶中所产生的冲击载荷以及能否舒适、安全地运载人体的重要结构体。此外，车架的结构对整个自行车的外形起着决定性作用。图4-2为自行车车架部件的构成图。

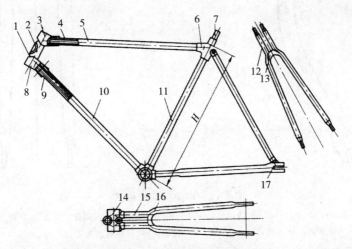

图 4-2 车架部件构成图

1—前管；2—商标；3—上接头；4—上管衬管；5—上管；6—后接头；7—鞍管；8—下接头；9—下管衬管；10—下管；11—立管；12—立叉；13—立叉小管；14—中接头；15—左右平叉；16—平叉小管；17—平叉接片

车架部件的装配过程:平、立叉管与接片的铆合及连接平叉、立叉小管;上管、下管镶衬管和前管镶上下接头;前管、上管、下管、立管、后接头和中接头在专用镶架机上镶成框策(俗称三角架);然后格框架与平叉、立叉镶接。

2. 前叉部件

前叉部件在自行车结构中处于前方部位,它的上端与车把部件的把立管、车架部件的前管安装配合。它的下端与前轴部件、前轮部件安装配合,组成自行车的导向部分。转动车把和前叉可以使前轮改变方向,起到了自行车的导向作用。此外,还可以起到控制自行车行驶平衡的作用。图4-3为前叉部件的构成图。

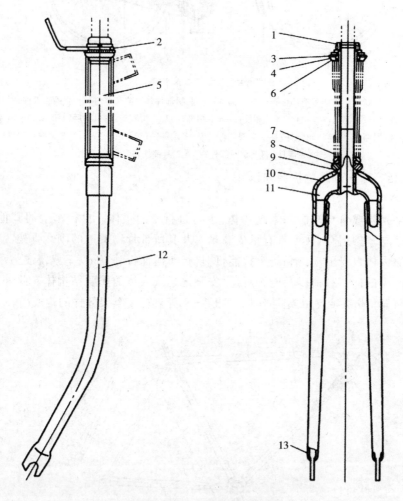

图 4-3 前叉部件构成图
1—前叉锁母;2—灯架;3—上档;4—上碗;5—前叉立管;6—前叉球架;7—前叉立管衬管;
8—下碗;9—下档;10—叉肩罩;11—前叉肩;12—左右前叉腿;13—腿衬片

3. 车把部件

车把部件俗称把手或龙头,与前叉部件中的立管联接安装在车架的前管上。它是自行车上平稳掌握车体、自行车前进方向的操纵装置。它决定骑车人的姿势,起着稳定身体的作用。当自行车在加速或爬坡行驶时,压住车把,才能增大踏力,保持自行车的骑行平稳。图4-4为车把部件的构成图。

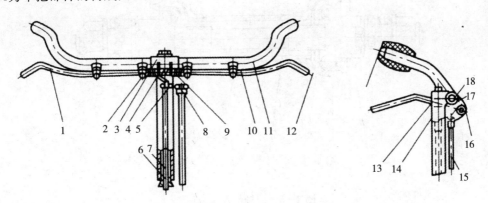

图 4-4 车把部件构成图

1—右闸把;2—右闸簧;3—把心垫圈;4—右拉板;5—短拉杆接头;6—把心螺母;
7—把心丝杆;8—左拉杆;9—左闸簧;
10—左闸把;11—把横管;12—把套;13—把接头;14—把立管;15—短拉杆;
16—闸把托架;17—托架垫圈;18—托架螺母

车把部件的结构中包括了部分制动部件的零件,车闸零件之间的铆接,主要是把拉杆穿入接头孔,然后压扁接头孔,使拉杆不能脱落并要求转动灵活,再与左右拉板铆接,也要求铆接后转动灵活。

车把部件的组装顺序为托架插入把横管上的孔内,用垫圈、螺母固定(左右共 4 只);左右闸把穿入托架孔内,装上拉板、闸簧,用螺母、垫团固定;把芯丝杆套上垫圈,穿入把立管内,旋上把芯螺母(芯螺母外表面上的凸槽块必须嵌入把立管下端槽内)。

4. 前、后轴部件

前、后轴部件从结构上来看是很相似的,由轴挡、袖碗、轴辊、钢球、防尘盖、轴管和花盘等零件组成,它和车圈、辐条是组成车轮部件的主要部件。但是,前轴与后轴比较,所不同的是后轴部件多了调链装置,另外右花盘的外表面上还车螺纹,是用于安装飞轮部件。自行车前、后车轮的辐条有多少(前车轮 32 根辐条、后车轮 40 根辐条),前、后轴花盘上的轴条孔也就有多少。一般后轴左、右花盘上的辐条孔为 20 个,而前轴左、右花盘上的轴条孔各为 16 个,另外后右花盘上的辐条孔还采用梅花形状(由于右花盘上要安装飞轮部件,以便轴条的装卸更换)。前、后轴部件不仅承受车轮静和动的载荷,而且又要保证车轮部件的转动灵性。

根据不同类型的自行车,前轴部件的规格有 M3 和 M10 两种,如图 4-5 所示是自行车的前轴部件。后轴部件的规格只有 M10 一种,由于自行车的用途不同,其承受的载荷也不同。所以前、后轴轴辊的长短也不同。此外,轻便型自行车的后轴上没有调链装置,它是通过后轴辊安装在车架部件的乎叉片(前开式)的不同位置来调节链条松紧的。如图 4-6 所示是自行的后轴部件。

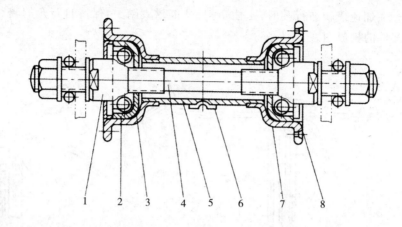

图 4-5 前轴部件构成图

1—前轴挡；2—前轴球架；3—前轴碗；4—前轴辊；5—前轴前花盘；6—前有孔；7—前花盘；8—前防尘盖

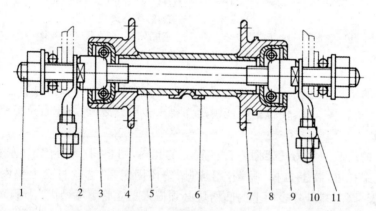

图 4-6 后轴部件构成图

1—后轴辊；2—后轴拦；3—后轴球架；4—左花盘；5—后轴管；6—后油孔夹；7—右花盘；
8—后轴碗；9—后防尘盖；10—调链螺盖；11—调链螺钉

5. 中轴部件

中轴部件位于自行车车架部件的下部，安装在车架的中接头内，两端与左、右曲柄和脚蹬部件连接，组成了自行车的驱动装置。因此，中轴部件的作用是将骑车人的脚踏力，即左右轮流地向脚蹬施力，通过曲柄、链轮和链条传到后轮，带动后轮转动，从而使自行车向前行驶。

按不同自行车的型号和要求，中轴部件的结构可分为压碗式（A 型）、螺纹钢碗式（B 型）和方形配合式（C 型）等几种。图 4-7 为中轴构成图。

6. 脚蹬部件

脚蹬部件的作用有两个：一是承受骑车人的踏力，然后通过曲柄、链轮和链条等部件，将踏力传到飞轮和后轴，推动全车前进；二是让骑车人安全、舒适地放脚。

脚蹬部件的形状和结构有普通橡皮型和金属边齿型两种，中、高档自行车的橡皮形或金属边齿形脚蹬的两侧还镶嵌具有彩色光泽的有机玻璃块反射器，既美观又使自行车的两侧

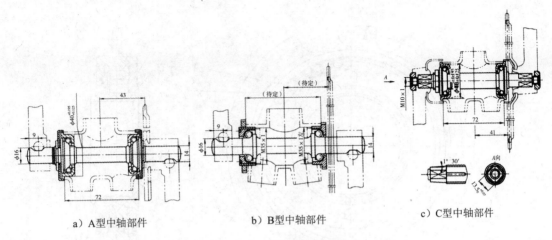

a) A型中轴部件   b) B型中轴部件   c) C型中轴部件

图4-7 中轴部件构成图

具有光反射的安全功能。如图4-8所示为普通橡皮型脚蹬部件的结构。

脚蹬部件的装配过程为：依次将内板、脚蹬碗（内台油脂、钢球）、脚蹬管套于脚蹬轴上；旋上脚蹬挡、垫圈、螺母，调整好间隙；最后安放外板，将橡皮轴穿入外板、脚蹬皮、内板孔，用螺母锁定。

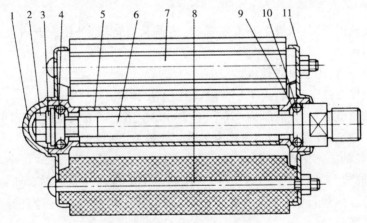

图4-8 普通橡皮型脚蹬部件构成图

1—外板；2—脚蹬螺母；3—脚蹬垫圈；4—脚蹬挡；5—脚蹬管；6—左、右脚蹬轴；
7—脚蹬皮；8—橡皮轴；9—脚蹬碗；10—脚蹬球架；11—内板

7. 飞轮部件（以单级飞轮为例）

普通的单级飞轮主要有外套、平挡和芯子、千斤、千斤黄、垫圈、丝挡及钢球等零件组成，如图4-9所示。

(1) 飞轮各零部件的结构

① 外套（飞轮外壳）。外缘呈链齿形，内线有梯形棘齿，棘齿两边为球道。棘齿齿数一般为21个。

② 芯子和平挡（飞轮底座和飞轮底盖板）。芯子是飞轮与后车轮的联接件，芯子上开有千斤槽，内缘车有右螺纹。平挡内侧有球道。芯子和平挡之间的联接，是采用铆合的方法，

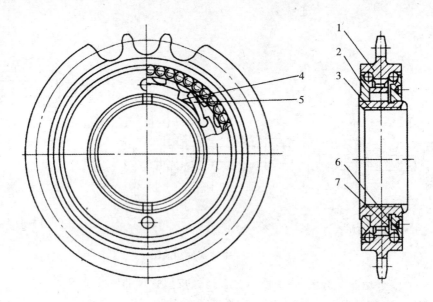

图 4-9 普通单级飞轮构成图
1—外套；2—平档；3—芯子；4—撑头弹簧；5—千斤；6—垫圈；7—丝挡

共同组成飞轮的内壳。

③ 丝挡（飞轮盖板）。内缘上车有左螺纹，内侧面有球道，外侧面开有便于飞轮装卸的小孔。

④ 千斤（撑头）。用于顶住棘齿。

⑤ 千斤簧（撑头弹簧）。装于千斤槽内，能使千斤弹起。

⑥ 垫圈（飞轮垫片）。一般厚为 0.05～0.06mm。用于调节飞轮的装配间隙

⑦ 钢球。一般规格为 $\varphi 3mm$，飞轮内装有 108 粒。

(2) 单级飞轮的工作原理

由于棘轮的作用，外套能带动芯子旋转，而芯子不能带动外套旋转。即：脚踏板带动链轮可以驱动自行车向前行驶，当脚踏板停止不动，自行车仍然可以通过自身的惯性向前行驶。如图 4-10 所示。

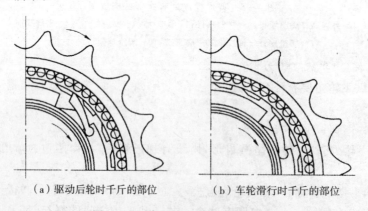

(a) 驱动后轮时千斤的部位　　(b) 车轮滑行时千斤的部位

图 4-10 普通单级飞轮工作原理图

(3) 飞轮的装配过程

① 将千斤簧的长头插入千斤槽的探孔内,弯钩朝前。

② 将千斤尾部的横圆柱体插进千斤槽的横圆柱体孔内,千斤的凸面朝上,斜面与棘齿斜面相吻合。

③ 平放外套,在平挡一方的外套球道上装满 54 粒 φ3mm 的钢球(若用隔离辊的飞轮,钢球与隔离辊间隔地相装),注加少量的稀机油。然后盖上芯子和平挡,使其棘齿与千斤相对顶住(套装时须将千斤先压进它的槽内,以免钢球被碰掉),盘转一下外套,不应有夹球现象。

④ 将外套和平挡压紧翻过来,在丝挡一方的外球道上装满 54 粒 φ3mm 的钢球,向钢球上注加少量稀机油使钢球与球道充分润滑,然后加入适当的飞轮垫片,按逆时针方向旋上丝挡于芯子的螺纹上。

⑤ 倒转飞轮,应转动灵活,不得有卡住现象,然后敲击丝挡的拆卸孔,使其紧固,如图 4-11 所示。

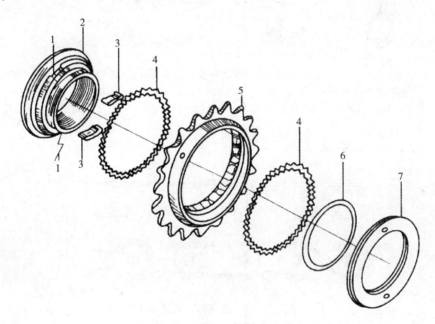

图 4-11　普通单级飞轮装配图
1—千斤簧;2—平挡和芯子;3—千斤;4—钢球;5—纠套;6—垫圈;7—丝挡

8. 车轮部件

车轮是由前轴、后轴、辐条与条母、车圈、轮胎(外)、气门嘴等零、部件所组成,如图 4-12 所示。

9. 链条部件

链条又称滚子链,是自行车上的重要传动部件。它的作用在于把链轮上的传动力传递给飞轮。链条在运动过程中,承受的拉力较大(约 4900N),又受到反复的冲击,因此要求链条具有足够的强度和耐磨性。结构如图 4-13 所示。

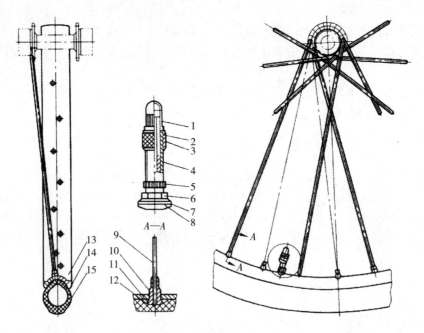

图 4-12 车轮部件的构成图

1—防尘帽；2—气门芯；3—压气螺母；4—气门皮管；5—圆锁母；6—六角螺母；7—气门垫圈；
8—气门身；9—辐条；10—条母；11—条垫；12—衬带；13—前后轮毂（车圈）；14—内胎；15—外胎

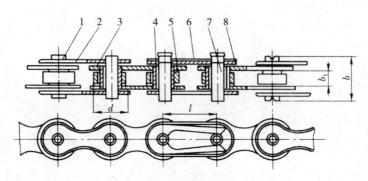

图 4-13 链条的构成图

1—销轴；2—外片；3—内片；4—衬圈；5—滚子；6—弹簧片；7—接头轴；8—接头片

10. 车闸部件

普通车闸由前车闸部件和后车闸部件组成。它的制动点在车圈的内侧表面。其特点是结构简单，制动力矩大，性能可靠，制造容易，成本较低，拆卸方便。

普通车闸的制动原理：利用杠杆原理，握紧闸把，带动拉杆、拉管和前后曲拐等，使闸叉产生径向直线运动，闸皮与前、后车圈的表面接触，产生摩擦力矩，使车轮减缓或停止转动。松弛闸把，在弹簧作用下，闸叉迅速复位。

普通前车闸的结构如图 4-14 所示。

(1) 前拉管：系长 130～140mm 的空心圆管，上端接头有圆孔，配以紧闸螺钉，与附装在车把部件上的短拉杆连接，下端与闸叉连接。

(2)前闸叉：是前闸组件中的主体，也是制动力的主要传递件。叉中铆有接头，与前拉管连接。

(3)紧闸螺钉：由螺栓、6mm 螺母和垫圈组成。是拉杆和拉管的连接紧固零件。

(4)前闸夹：它是闸叉的定位件，由左、右闸板和盖板组成，安装固定在前叉腿上端。

(5)闸盒和闸皮：它们装于闸叉两侧的下端折角内，与车圈表面接触，产生摩擦力矩。闸盒只有左右之别，而无前后之分。

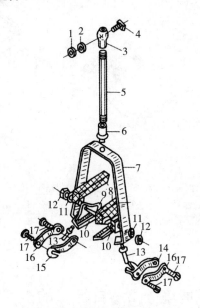

图 4-14 普通前车闸构成图

1—螺母；2—垫圈；3—拉管上下接头；4—紧闸螺钉；5—前拉管；6—前拉管下头；7—前闸叉；8—闸皮；9—螺钉；10—左右闸皮盒；11—垫圈；12—螺母；13—闸叉支柱；14—左闸板；15—右闸板；16—左闸板；17—螺钉

普通后车闸的结构如图 4-15 所示。

(1)后拉管：与前拉管近似，比前拉管短小些，两端都有接头。上接头有开口，下接头与前曲拐连接。

(2)前曲拐：花篮式前曲拐由左右两个相同的弧形曲拐片组成。穿心式前曲拐为单片三角形，装配在车架下管上端的左侧。

(3)穿心螺钉：是前曲拐与车架的连接紧固件，穿装在车架下管的上端。

(4)长拉杆：用 $\varphi 3.5$mm 铁丝制成，沿车架下管平行连接前后曲拐。穿心式长拉杆上为弯头式，花篮式长拉杆上端为环头式，略短。

(5)后曲拐：目前国内自行车上采用的后曲拐大都是卡环可调式。安装于车架中接头下，连接长拉杆和后闸叉。

(6)曲拐簧：用 $\varphi 2$mm 弹簧钢丝制成，装于卡环和后曲拐之间，利用其弹性张力，使闸叉在完成制动后迅速复位。各种牌号自行车的曲拐款式不完全一样，但通用。

(7)后闸叉：形状如前闸叉，但叉身略短，闸叉中部有一个长为 50mm 的调节螺钉(螺纹规格为 M 5×0.8mm)，穿装于后曲拐的三角形接头中，用螺母固定。后闸卡、闸盒、闸皮都与前闸通用。

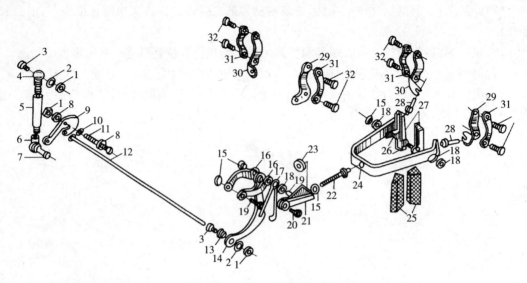

图 4-15　普通后车闸构成图

1—螺母；2—垫圈；3—紧闸螺钉；4—拉管上接头；5—后接管；6—后拉管下接头；7—下接头螺钉；8—前曲拐垫圈；9—前曲拐；10—前曲拐衬套；11—穿心螺钉；12—长拉杆；13—后曲拐衬套；14—后曲拐；15—螺母；16—后曲拐夹板；17—后曲拐簧；18—垫圈；19—螺钉；20—螺钉；21—调节螺钉接头；22—调节螺钉；23—调节螺母；24—后闸叉；25—闸皮；26—平头螺钉；27—左右闸皮盒；28—闸叉支柱；29—闸卡左板；30—闸卡右板；31—闸卡盖板；32—螺钉

子情境 4.2　自行车的拆装

学习目标

知识目标：掌握自行车的构造及工作原理；判断各机构的运动副的类型和机构运动形式；

能力目标：能够正确使用工具拆装自行车，能够正确绘制出棘轮机构的运动简图。

工作任务

(1)对照自行车的拆装知识，拆装自行车；
(2)分析自行车的工作原理及机构运动形式；
(3)根据实物和构成图正确指出自行车各零部件的名称；
(4)分析链传动机构的组成及工作原理；
(5)绘制棘轮机构的机构运动简图。

实践训练过程

4.2.1　拆装工具

根据自行车整车的拆装需要，需准备以下拆装工具，见表 4-1。

表 4-1 自行车拆装工具表

常用工具	
(1)250mm 和 100mm 活扳手	(9)$R18$,$R23$ 勾手扳手
(2)165mm 鲤鱼钳	(10)钳口 $R23$ 大口钳
(3)1kg 钳工锤	(11)花扳手
(4)175mm 木柄旋凿	(12)φ50mm 木锤
(5)250mmⅡ号挫刀	(13)台钳
(6)150mm 钢皮尺	(14)360mm 钢锯
(7)由 12×14 改制成 12×15 的双头扳手	(15)φ10mm——φ15mm 圆锤
(8)双套筒扳手(螺母孔对边 17、15、14、12mm);	
专用工具	
(1)专用辐条钳	(9)5mm、6mm 专用小型套筒式旋凿
(2)专用外胎边口钳	(10)软边胎滑板
(3)管径 φ35mm 打气筒	(11)中接头左右螺丝攻
(4)专用前叉下档压紧衬管	(12)前叉螺纹校板
(5)硬边胎拉板	(13)中接头倒牙螺丝碗专用扳头
(6)辐条扳手	(14)M35 中接头顺牙螺丝碗专用扳头
(7)专用车圈校正架	(15)装托架弹簧工具
(8)专用曲柄销衬架	(16)16mm 脚蹬扳手

4.2.2 拆装任务内容

(1)将自行车整车进行分解,主要将前后车轮部件,车架部件,前、中、后轴部件,车闸部件,链条部件,飞轮部件,脚蹬部件等从整车上进行拆解;
(2)详细拆解前、中、后轴部件,车闸部件,飞轮部件;
(3)组装前、中、后轴部件,车闸部件,飞轮部件;
(4)将各部件重新装配成整车;
(5)在拆装过程中绘制棘轮机构的机构运动简图。

4.2.3 任务要求

1. 工作组织要求

(1)学生在教师的指导下自行安排工作任务及子任务;
(2)学生根据教学班级的实际情况进行分组;
(3)各小组经讨论后制订完成任务的可行性方案,包括任务的方法、进度和具体分工等,并将讨论的过程、结论以会议记录的形式形成文字存档;
(4)各小组要制订一份工作计划,以文字的形式存档,并在工作过程中检验工作计划的实施;
(5)各小组要做好工作过程记录,并在工作完成后用文字、简图、流程图、图片等多种形式形成工作总结;

(6)教师根据可行性方案、工作计划和工作总结对任务完成的质量、工作能力等指标进行评估。

2. 自行车拆解要求

(1)拆解时,将自行车翻身倒置,但车把和鞍座下面要垫纸板,以免擦伤;

(2)拆解左、右脚蹬和曲柄。

(3)在拆解中轴部件时,要注意部件的装配关系和顺序,可适当做些记号,以免在安装时部件装错。可将互相配合的部件放在一起,也可将拆解的部件重新装在一起,避免弄错部件的装配关系和零件丢失。

(4)在拆解滚动轴承时,容易丢失钢球,要及时清点钢球数量,把钢球装入钢碗后,要再清点一下。前轴、后轴及中轴的各个滚动轴承中大小不同规格的钢球要分开存放,不要混在一起,以免安装选用时弄混。

(5)拆解后轮。

(6)拆解前轮。

(7)在拆解前后轮时,要先拆解后轮,再拆解前轮,否则自行车的重心后移,会使自行车放置不稳。

3. 自行车组装要求

通常情况下按照拆解时的相反顺序进行安装,个别零部件的装配需要进行调整。安装前要将零件清洗,在安装过程中要加润滑剂。自行车安装完毕后要进行检查和调整,拧紧所有紧固件,转动部件要有适当的间隙,以达到灵活轻便的目的。要求如下:

(1)倒置自行车,先安装中轴部件,再安装左右曲柄。注意左右曲柄不要装反;

(2)安装链条(若是全链罩,则应先安装全链罩,再安装链条);

(3)安装前轮,前泥板支棍装在前轴辊上;

(4)安装后轮,将链条装到飞轮上,将支架、后泥板支棍、衣架撑杆装在后轴辊上。后轮安装好后,检查和调整传动系统,最后拧紧后轴螺母;

(5)在装配前后轴、中轴时要注意将钢球装在钢碗的圆弧形球道上,规格符合要求,并且保证钢球之间还有间隙,但间隙的总和不能再装1颗钢球即可;

(6)对自行车进行全面技术检查和调整。最后将所有的紧固件(螺钉、螺母等)再次拧紧。

(7)整车技术要求

① 自行车各紧固件应旋紧牢固,各转动部件应作精密调整,使之运转灵活;

② 各对称型的部件,包括车把、前后泥板、衣架、双支架等均应与车架中心左右对称,不得有显著偏斜现象;

③ 前、后闸操纵机构应轻便灵活,两侧闸皮能同时与车圈接触,闸簧有足够弹力,使闸叉能灵敏、迅速地返回原位;

④ 车铃应能发出响亮的声音,使用时轻便灵活,不得有卡住现象;

⑤ 支撑架的弹簧应有足够弹力,使支架恢复原位,锁片应保证自锁作用;

⑥ 鞍座夹应保证能将鞍座紧固在鞍管上,不得松动;

⑦ 后车圈与车架平、立叉之间的间隙应力求相等。

学习情境 5　齿轮传动机构设计实践
——以单级减速器的设计为例

通过对减速器的设计,能够学习齿轮传动机构的设计、传动轴的设计、箱体的设计以及各种机械零件的运用。本章以单级减速器设计为例,掌握齿轮传动机构的设计内容、步骤和方法。

子情境 5.1　单级减速器的拆装

学习目标

知识目标:掌握单级减速器的结构及工作原理;
能力目标:能够正确使用工具规范的拆装单级减速器。

工作任务

(1)根据实物及示意图识别出单级减速器各组成部分的零件,掌握单级减速器的结构;
(2)分析单级减速器的工作原理。

知识准备

5.1.1　单级减速器的介绍

单级减速机由齿轮或者蜗轮传动所组成后一种单体机构,是用来把原动机功率传递给工作机,并使工作机在需要的转速下工作。减速机的结构与型式有很多,最为常见的有齿轮减速机和蜗轮减速机两大类。

如图 5-1 所示,单级齿轮传动减速器主要有齿轮、传动轴、轴承、轴承端盖、箱体、通气塞、油标尺等零部件组成。齿轮传动一般采用工作可靠、承载能力高、寿命长、低成本及结构紧凑的闭式软齿面齿轮传动;轴承一般采用互换性良好的滚动轴承;箱体一般采用铸铁剖分式结构;润滑方式一般采用油池润滑,自然冷却,只有减速机的承载能力超过热功率情况下,才会选用循环油润滑。

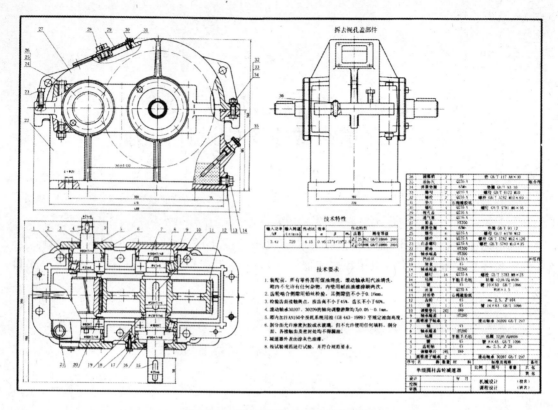

图 5-1 单级圆柱齿轮减速器装配图

5.1.2 拆装工具

轴承拆卸专用工具、扳手、锤子及内外卡钳等。

5.1.3 拆装过程

1. 减速器的拆卸

(1) 了解减速器的用途、类型、工作原理、性能参数、整体结构和布局等。

(2) 观察减速器外形结构,判断输入轴和输出轴及安装方式。

(3) 观察、拆卸并分析减速器箱体及附件;了解附件功能、结构特点、位置、数量及与箱体的联接方式;放尽箱内的润滑油。

(4) 打开箱盖。拧下箱盖和箱座联接螺栓,拧下箱盖上凸缘式轴承盖的联接螺钉(注意保持轴承盖与箱座联接),拔出定位销,借助起盖螺钉和起吊装置打开箱盖,并注意保护箱盖和箱座结合面,防止碰坏或擦伤;仔细观察箱体的剖分面,了解箱体剖分面的密封方式。

(5) 拆下轴的外伸端联接键,卸下轴承盖。

(6) 观察箱体内部结构组成和布局。了解各轴系部件之间的相互位置关系,确定传动方式和传动路线;判定斜齿轮的旋向及轴向力方向。

(7) 拆卸并分析轴系部件。一边转动轴,一边顺着轴旋转方向取出高速轴系部件,再用橡胶锤轻敲中、低速轴系部件并将其取出,然后拆卸各零件;观察并分析轴上各零件的作用、结构、周向和轴向定位方式以及与轴的配合情况等;观察确定轴承类型和型号并分析轴承的安装、定位、润滑与密封方式、间隙调整方式以及与轴和座孔的配合情况;观察并分析轴系部件与箱体的定位方式。

(8)拆卸轴承。拆卸时为了不损坏轴承滚道,须采用专用工具,不得用锤子乱敲,不得将外力施加于外圈上通过滚动体推动内圈。

(9)用煤油或汽油等清洗各零部件,按拆卸序号挂标签,然后分类放置并妥善保管,以备各零件的测绘和再装配。

2. 减速器的装配

在减速器的拆卸、观察与分析后,即可按拆卸的反顺序装配好减速器。

(1)装配前对所有零件,经清洗后进行技术检验,避免因损伤导致不合格零件装后返工。

(2)对配合件和不能互换的零件,应按拆卸、修理或制造时所作的标记成对或成套装配。

(3)运动零件的摩擦面,装配之前要涂抹润滑油。

(4)避免密封件装反;定位销用手推入75%轻轻打入。

(5)为保证装配质量,对拆卸前记录或作标记的一些项目,如装配间隙或过盈量、窜动量、齿轮传动侧隙、接触状况以及灵活性等,应边装配边进行调整、校对和技术检验,使其达到拆卸前要求。

(6)在装配减速器前,应研究和了解减速器的装配工艺和各项技术要求,并参照装配示意图及零件的拆卸序号,确定装配方案。装配时按照先组件、后部件、最后整机的顺序以及先拆后装、后拆先装的原则进行返装。其具体的装配顺序如下:

① 将箱座置于装配工作台,检查箱座内有无零件和其他杂物留在箱座内,擦净箱座内部。

② 将轴上的零部件组装成轴系组件后,先将输出轴组件装到箱座上,再将输入轴组件装到箱座上;对脂润滑轴承加装润滑脂。

③ 将轴承不通端盖装在对应轴端的座孔处,用螺钉将其与箱座联接并锁紧(对于凸缘式轴承盖),再推动轴系组件靠向不通端盖一端;装入轴承通端盖和密封件组件,打表检测轴向间隙,选取适当的垫片厚度并保证轴承间隙符合技术要求,然后用螺钉将轴承通盖组件与箱座联接并锁紧,并在轴承盖处涂密封胶。按照先低速轴系、后高速轴系的顺序完成上述装配过程后,试运转2分钟,检测齿轮传动侧隙和齿面接触斑点。

③ 将箱盖与其上附件的组件装在箱座上,打入定位销,用螺栓组件联接并锁紧,用塞尺检查结合面接触精度。检查合格后,旋入起盖螺钉起盖,涂密封胶,再装配。

④ 将油塞组件旋入箱座,插入油标尺,加润滑油,将视孔盖用螺钉装在箱盖上并锁紧。

⑤ 检查所有附件是否装好;用棉纱擦净减速器外部,放回原处,摆放整齐。

子情境 5.2　单级减速器齿轮传动机构的设计

学习目标

知识目标:掌握单级圆柱齿轮减速器齿轮传动机构的设计过程、步骤及方法;

能力目标:能够正确运用齿轮传动设计的知识进行单级圆柱齿轮减速器齿轮传动机构

的设计。

工作任务

（1）减速器传动方案的拟定；
（2）选电机、定传动比；
（3）传动轴运动及动力参数的计算；
（4）齿轮传动设计。

知识准备

5.2.1 单级减速器齿轮传动机构的设计计算过程（以计算说明书的编制为例，文中出现的公式中参数的意义参考机械设计相关教材）

1. 减速器传动方案拟定

如图 5-2 所示，按设计要求，减速器选用工作可靠、承载能力高、寿命长、低成本及结构紧凑的闭式软齿面齿轮传动。本设计要求齿轮传动中心距为标准数，齿轮用滚齿加工，简化设计过程，传动精度初定为 8 级，两齿轮均布在轴承中间。

（1）轴上轴承选用互换性强的滚动轴承，即角接触球轴承；

（2）原动机采用：三相异步交流电机；

（3）联接电机和减速器的为弹性套柱销联轴器。低速轴与工作机械用弹性柱销联轴器联接；

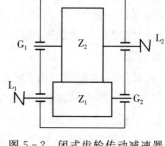

图 5-2 闭式齿轮传动减速器
Z_1, Z_2: 渐开线斜齿圆柱齿轮 G_1, G_2: 滚动轴承 L_1, L_2: 弹性联轴器

（4）箱体型式为：水平剖分式，材料为 HT150；
（5）齿轮和滚动轴承用油池浸入，起润滑和散热作用；
（6）轴承与轴之间用工业毛毡密封，其余密封处用软钢板纸密封。

2. 选电机、定传动比

（1）类型

选用 Y 系列三相异步电动机，JB/T9616-1999 该电机可直接利用电网能源，自冷、价格相对低。

（2）胶带传动所需功率 P_I 和转速 n

$$P_I = \frac{FV}{1000}$$

....

$$= \frac{3400 \times 1.57}{1000}$$

....

$$= 6.123 \text{kw}$$

$$n_I = \frac{60V}{\pi D}$$

$$= \frac{60 \times 1.53}{0.2\pi}$$

$$= 149.924 \text{r/min}$$

(3) 传动效率 η 和传动比 i

① 传动效率 η

由图 5-2 可知，减速器传动效率

$$\eta = \eta_{承} \times \eta_{齿} \times \eta_{承}$$

如图 5-3 所示为胶带运输机的传动方案，可知机组传动效率

$$\eta = \eta_{联} \times \eta_{承} \times \eta_{齿} \times \eta_{承} \times \eta_{联} \times \eta_{承} \times \eta_{筒}$$

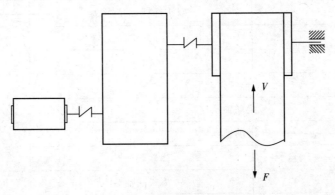

图 5-3 胶带运输机传动方案

由表 5-1，得

$$\eta_{联} = 0.99$$

$$\eta_{承} = 0.85$$

$$\eta_{齿} = 0.98$$

$$\eta_{筒} = 0.96$$

所以：减速器
$\eta = 0.98^2 \times 0.97 \approx 0.94$；
机组
$\eta = 0.99^2 \times 0.985^3 \times 0.97 \times 0.96$

$= 0.87$；

② 初定减速器传动比

表 5-1 机械传动和轴承等效率值表

类型		效率 η
圆柱齿轮传动	7 级精度（油润滑）	0.98
	8 级精度（油润滑）	0.97
	9 级精度（油润滑）	0.96
	开式传动（脂润滑）	0.94~0.96
锥齿轮传动	7 级精度（油润滑）	0.97
	8 级精度（油润滑）	0.94~0.97
	开式传动（脂润滑）	0.92~0.95
蜗杆传动	自锁蜗杆（油润滑）	0.40~0.45
	单头蜗杆（油润滑）	0.70~0.75
	双头蜗杆（油润滑）	0.75~0.82
滚子链传动	开式	0.90~0.93
	闭式	0.95~0.97
V 形带传动		0.95
滚动轴承		0.98~0.99
滑动轴承		0.97~0.99
联轴器	弹性联轴器	0.99
	齿式联轴器	0.99
运输机滚筒		0.96

由表 5-2 初步选定
$i=3~5$

表 5-2 各种传动中每级传动比的推荐值

传动类型		i 的推荐值
圆柱齿轮传动	闭式	3~5
	开式	4~7
锥齿轮传动	闭式	2~3
	开式	2~4
蜗杆传动	闭式	10~40
	开式	15~60

（续表）

传动类型	i 的推荐值
V 带传动	2～4
链传动	2～4

(4) 电机应有功率 $P_电$ 和转速 $n_电$

$$P_电 = \frac{P_I}{\eta}$$

$$\cdots\cdots\cdots$$

$$= \frac{6.123}{0.86}$$

$$\cdots\cdots\cdots$$

$$= 7.038 \text{kw}$$

$$n_电 = i \times n_I$$

$$\cdots\cdots\cdots$$

$$= (3\sim5) \times 149.924$$

$$\cdots\cdots\cdots$$

$$= 449.772 \sim 749.62 (\text{r/min})$$

(5) 确定电机

由附录 1 得

① 三相异步电动机 Y160L－8 JB/T9616－1999

② $P = 7.5 \text{kw}$

$$n = 720 \text{r/mi}$$

③ $D = \varphi 42 \text{K6}$

$$E = 110 \text{mm}$$

$$H = 160 \text{mm}$$

④ 长×宽×高＝645×420×385

(6) 减速器应有的传动比 i

$$i = \frac{n_电}{n_工}$$

$$\cdots\cdots$$

$$= \frac{720}{149.924}$$

$$\cdots\cdots$$

$$= 4.802$$

3. 运动及动力参数计算

(1) 各轴上功率 P

$$P_1 = P \times \eta_{联}$$

$$= 7.5 \times 0.99$$

$$= 7.425 \text{kw}$$

$$P_2 = P_1 \times \eta_{承} \times \eta_{齿}$$

$$= 7.425 \times 0.985 \times 0.97$$

$$= 7.09 \text{kw}$$

(2) 各轴转速

$$n_1 = 720 \text{r/min}$$

$$n_2 = \frac{n_1}{i}$$

$$= \frac{720}{4.802}$$

$$= 149.924$$

(3) 各轴上转矩 T

$$T_1 = 9550 \frac{P_1}{n_1}$$

$$= 9550 \frac{7.425}{720}$$

$$= 98.484 \text{Nm}$$

$$T_2 = 9550 \frac{P_2}{n_2}$$

$$\cdots\cdots\cdots\cdots$$

$$= 9550 \frac{7.094}{149.924}$$

$$\cdots\cdots\cdots\cdots$$

$$= 451.88 \text{Nm}$$

4. 齿轮传动设计

由方案可知,齿轮传动为渐开线闭式软齿面传动。齿轮传动按接触疲劳强度设计,弯曲疲劳强度校核。

(1)选材料、定许用应力

① 选材:

$$Z_1:42\text{SiMn} \quad 调质 \quad 250 \sim 280 \text{HBW}$$

$$Z_2:45\text{钢} \quad 调质 \quad 220 \sim 250 \text{HBW}$$

② 定$[\sigma_H]$

公式 $\quad [\sigma_H] = \dfrac{\sigma_{Hlim} Z_N}{S_{Hmin}}$

参数 $\quad Z_N = 1$

$$\sigma_{Hlim}1 = 690 \text{N/mm}^2$$

$$\sigma_{Hlim}2 = 550 \text{N/mm}^2$$

$$S_{Nmin} = 1.1$$

③ 定$[\sigma_H]$

$$[\sigma_{H1}] = \frac{690}{1.1} = 527 \text{N/mm}^2$$

$$[\sigma_{H2}] = \frac{550}{1.1} = 500 \text{N/mm}^2$$

取$[\sigma_H] = [\sigma_{H2}] = 500 \text{N/mm}^2$

④ 定$[\sigma_F]$

公式 $\quad [\sigma_F] = \dfrac{\sigma_{Flim} Y_{ST} Y_{NT}}{S_{Fmin}}$

参数

$$\sigma_{Flim1} = 250 \text{N/mm}^2$$

$$\sigma_{F\lim 2} = 200\text{N/mm}^2$$

$$Y_{ST} = 2$$

$$Y_{NT} = 1$$

$$S_{F\min} = 1.35$$

⑤ 定 $[\sigma_F]$

$$[\sigma_{F1}] = \frac{250 \times 1 \times 2}{1.35} = 370\text{N/mm}^2$$

$$[\sigma_{F2}] = \frac{200 \times 1 \times 2}{1.35} = 296\text{N/mm}^2$$

(2) 按接触疲劳强度计算
① 公式　中心距

$$a \geqslant (\mu \pm 1)\sqrt[3]{\left(\frac{305}{[\sigma_H]}\right)^2 \frac{KT_1}{\varphi_a \mu}} \text{(mm)}$$

② 参数

$$\mu = i = 4.887$$

$$\cdots\cdots\cdots$$

$$K = 1.2$$

$$\cdots\cdots\cdots$$

$$\varphi_a = 0.4$$

③ 计算
注意单位一定要统一毫米,因本减速器是外啮合,故取$(\mu+1)$。
计算得出 $a \geqslant 161.1\text{mm}$。
④ 定 a
考虑齿轮制造、安装、润滑散热要求后,实际中心距取

$$a = 250\text{mm}$$

具体数值参考附录 2 标准尺寸表。
(3) 齿轮传动基本参数设计
① 定 m
从附录 3 标准模数表中可查得:模数

$$m=(0.007\sim 0.02)a$$

$$=(0.007\sim 0.02)\times 250$$

$$=1.75\sim 5\text{mm}$$

取法向模数 $m_n=3\text{mm}$；
定法向压力角 $\alpha_n=20°$。
② 初定螺旋角 $\beta=17°$
③ 定齿数 Z
由 $\dfrac{Z_2}{Z_1}=i$ 和 $a=\dfrac{m_n(Z_1+Z_2)}{2\cos\beta}$

得：

$$\frac{Z_2}{Z_1}=4.887, 2500=\frac{3(Z_1+Z_2)}{2\cos 17°}$$

故：$Z_1=27.07, Z_2=132.31$；
取：$Z_1=27, Z_2=132$。
④ 定传动比 i

$$i=\frac{n_1}{n_2}=\frac{Z_2}{Z_1}=\frac{132}{27}=4.889$$

$$\frac{|\Delta i|}{i_{理}}=\frac{|4.889-4.887|}{4.887}=0.04\%$$

按约成俗规定：$\dfrac{|\Delta i|}{i}\leqslant 1\%$ 合格

⑤ 定螺旋角 β

$$\cos\beta=\frac{m_n(Z_1+Z_2)}{2a}=\frac{3(27+132)}{2\times 250}=0.954$$

$$\beta=17.44598771°$$

β_1 右旋 β_2 左旋

⑥ 定齿宽 b

$$b = \varphi_a \times a$$

$$= 0.4 \times 250 = 100$$

$$b_2 = b = 100$$

$$b_1 = b_2 + 5 = 105$$

⑦ 计算圆周速度 v、验算精度等级

$$v = \frac{\pi d_1 n_1}{60 \times 1000}$$

$$= \frac{\pi \times 3 \times 27 \times 720}{60000 \times 0.954}$$

$$= 3.201 m/s$$

8 级精度等级斜齿轮 $v_{max} = 10 m/s$

⑧ 定断面参数 m_t、α_t、α'

$$m_t = m_n / \cos\beta = 3 / 0.954 = 3.144654088 mm$$

$$\tan\alpha_t = \tan\alpha_n / \cos\beta = \tan 20° / 0.954 = 0.381520161$$

$$\alpha_t = 20.88286132°$$

$$\alpha' = \alpha_t$$

⑨ 定 Z_V（当量齿数）

$$Z_V = Z / \cos^3\beta$$

$$Z_{V1} = 27 / 0.954^3 = 31.09701048$$

$$Z_{V2} = 132 / 0.954^3 = 152.029829$$

(4)齿轮几何尺寸计算
① 定分度圆 d

$$d=\frac{m_n z}{\cos\beta}$$

$$d_1=\frac{3\times 27}{0.954}=84.90566038\text{mm}$$

$$d_2=\frac{3\times 132}{0.954}=415.0943396\text{mm}$$

② 定齿顶高、齿根高、全齿高 h_a、h_f、h

$$h_a=h_a^*\times m_n=3\text{mm}$$

$$h_f=(h_a^*+c^*)\times m_n=3.75\text{mm}$$

$$h=h_a+h_f=6.75\text{mm}$$

③ 定齿顶圆、齿根圆 d_a、d_f

$$d_a=d+2h_a$$

$$d_f=d-2h_f$$

$$d_{a1}=90.90566038\text{mm}$$

$$d_{a2}=421.0943396\text{mm}$$

$$d_{f1}=77.40566038\text{mm}$$

$$d_{f2}=407.5943396\text{mm}$$

(5)运动及动力参数计算
① 定转速 n

$$n_1=720\text{r/min}$$

$$n_2=n_1\frac{Z_1}{Z_2}=720\times\frac{27}{132}=147.273\text{r/min}$$

② 定圆周速度 v

$$v = 3.201 \text{m/s}$$

③ 定传动比 i

$$i = 4.889$$

④ 定传递的功率 P

$$P_1 = 7.425 \text{kw} \quad P_2 = 7.13 \text{kw}$$

⑤ 定转矩 T

$$T_1 = 98.484 \text{Nm}$$

$$T_2 = 9550 \times \frac{7.13}{147.273} = 462.349 \text{Nm}$$

⑥ 定齿轮受力 F

$$F_{t1} = -F_{t2} = \frac{2T_1}{d_1}$$

$$\cdots\cdots\cdots\cdots$$

$$= \frac{2 \times 98484}{84.906}$$

$$\cdots\cdots\cdots\cdots$$

$$= 2320 \text{N}$$

$$F_{r1} = -F_{r2} = F_{t1} \frac{\tan\alpha_n}{\cos\beta}$$

$$\cdots\cdots\cdots\cdots$$

$$= 2320 \frac{\tan 20°}{0.954}$$

$$\cdots\cdots\cdots\cdots$$

$$= 886 \text{N}$$

$$\cdots\cdots\cdots\cdots$$

$$F_{a1} = -F_{a2} = F_{t1} \tan\beta = 729 \text{N}$$

(6) 轮齿弯曲强度校核

① 公式

$$\sigma_F = \frac{1.6KT_1 Y_{FS}}{bd_1 m_n} \leqslant [\sigma_F]$$

② 定 σ_F

$$\sigma_{F1}=18.3\text{N/mm}^2=18.3\text{MPa}$$

……………………

$$\sigma_{F2}=15.39\text{N/mm}^2=15.39\text{MPa}$$

③ 比较

$$\sigma_{F1}=18.3\text{N/mm}^2<[\sigma_{F1}]=480\text{N/mm}^2$$

$$\sigma_{F2}=15.39\text{N/mm}^2<[\sigma_{F2}]=360\text{N/mm}^2$$

所以:轮齿弯曲强度安全。

(7)轮齿结构设计(注意:以下仅仅只是计算过程的举例,原始数据与前述各例原始数据不一致,详细图解见教材齿轮结构设计章节)。

① 小齿轮 Z_1

由轴结构设计可知,与轴配合孔径最小极限为 $\phi57$,而小轮齿根圆 $d_{f1}=60.75\text{mm}$,不可能用键连接,故而与轴做成整体齿轮轴。倒角 $C1.5$。

② 大齿轮 Z_2

大齿轮因其齿顶圆直径在 200mm~500mm,故采用腹板式齿轮,相关参数见图 5-4。

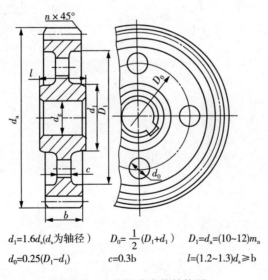

$d_1=1.6d_s(d_s$ 为轴径$)$ $D_0=\frac{1}{2}(D_1+d_1)$ $D_1=d_a=(10\sim12)m_n$

$d_0=0.25(D_1-d_1)$ $c=0.3b$ $l=(1.2\sim1.3)d_s\geq b$

图 5-4 腹板式齿轮结构图

轮毂尺寸:

配合孔径　$d=\phi71$　由轴设计可知。

轮毂外径　$d_1=1.6d=1.6\times71=113.4\text{mm}$

取:$d_1=120\text{mm}$

轮毂宽度　$L=b_2=80\text{mm}$

平键尺寸
槽宽：$b=20\text{JS}9$
槽深：$d+t_1=71+4.9=75.9_0^{+0.2}$
倒角：
孔　$C2.5$
毂　$C2$
轮缘尺寸
齿轮毛坯自由锻成形
轮缘内径 D_1

$$D_1=d_{f2}-2d_0$$
$$=306.811-2\times10$$
$$=286.811\text{mm}$$

取：$D_1=280\text{mm}$
倒角：
齿圈和根部均为 $C2$
腹板尺寸
厚度 C

$$C=0.3b_2$$
$$=0.3\times80$$
$$=24\text{mm}$$

取：$C=24\text{mm}$
板上工艺孔直径 d_0

$$d_0=\frac{D_1-d_1}{4}=\frac{280-120}{4}=40\text{mm}$$

共有 4 个孔
工艺孔所在圆直径 D_0

$$D_0=\frac{D_1+d_1}{2}=\frac{280+129}{2}=200\text{mm}$$

过渡圆弧半径 r

$$r=5\text{mm}$$

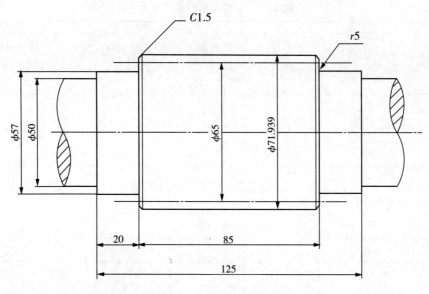

图 5-5 小齿轮结构尺寸

图中：
未注圆角 $r1.5$；
未倒角棱边去毛刺。

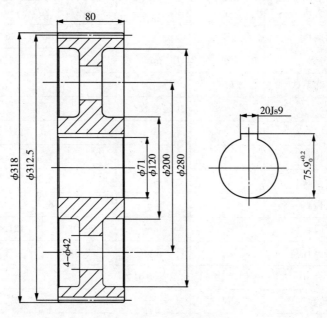

图 5-6 大齿轮结构尺寸

图中
未注圆角 $r2$；
未倒角棱边去毛刺。

表 5-3 齿轮传动参数汇总表

序号	名称	符号	单位	齿轮 小	齿轮 大	说明
\multicolumn{7}{c}{啮合参数}							
1	传动比	i		\multicolumn{2}{c	}{4.889}	
2	实际中心距	a	mm	\multicolumn{2}{c	}{250}	
6	啮合角	α'	°	\multicolumn{2}{c	}{21.01118777°}	
7	重合度	ε		\multicolumn{2}{c	}{4.817}	
9	精度等级			\multicolumn{2}{c	}{8-8-7}	
\multicolumn{7}{c}{齿轮材料}							
10	材料			42SiMn	45 钢	
11	热处理			调质	调质	
12	硬度			250～280	200～250	
\multicolumn{7}{c}{基本参数}							
13	齿数	Z		27	132	
14	模数	m	mm	\multicolumn{2}{c	}{3}	
15	压力角	α	°	\multicolumn{2}{c	}{20°}	
16	螺旋角	β	°	\multicolumn{2}{c	}{17.4459771°/17°26′46″}	
17	齿宽	b	mm	105	100	
19	齿顶高系数	h_a^*		\multicolumn{2}{c	}{1}	
\multicolumn{7}{c}{几何参数}							
20	分度园直径	d	mm	84.906	415.094	
22	齿顶高	h_a	mm	\multicolumn{2}{c	}{3}	
23	齿根高	h_f	mm	\multicolumn{2}{c	}{3.75}	
24	全齿高	h	mm	\multicolumn{2}{c	}{6.75}	
25	齿顶园直径	d_a	mm	90.906	421.094	
26	齿根园直径	d_f	mm	77.406	407.594	
\multicolumn{7}{c}{运动及动力参数}							
31	转数	N	r/mm	720	147.273	
32	速度	V	m/s	\multicolumn{2}{c	}{3.021}	
33	传递功率	P	kw	7.425	7.13	
34	传递转矩	T	Nm	98.484	462.161	
35	园周力	F_t	N	\multicolumn{2}{c	}{2320}	

(续表)

序号	名称	符号	单位	齿轮 小	齿轮 大	说明
36	径向力	F_r	N	886		
37	轴向力	F_a	N	729		

5.2.2 单级减速器齿轮传动机构的设计任务要求

1. 单级减速器的技术参数

设计一胶带运输机用渐开线圆柱斜齿齿轮单级减速器。见图5-3。已知参数：运输带的最大拉F，带速v，卷筒直径D，双班制工作，使用十年。（详细数据见表5-4）

表5-4 减速器相关数据

序号	胶带拉力 $F(kN)$	卷筒直径 $D(m)$	胶带线速度 $v(m/s)$	序号	胶带拉力 $F(kN)$	卷筒直径 $D(m)$	胶带线速度 $v(m/s)$
1	1.30	0.24	2.60	16	2.50	0.30	2.60
2	1.35	0.23	2.50	17	2.60	0.35	2.40
3	1.40	0.25	2.40	18	3.10	0.40	2.80
4	1.50	0.21	2.20	19	2.80	0.35	2.30
5	1.30	0.20	2.60	20	3.60	0.30	2.55
6	1.35	0.20	2.50	21	2.20	0.32	2.85
7	1.40	0.18	2.34	22	2.40	0.30	2.80
8	1.50	0.21	2.50	23	2.00	0.34	2.87
9	1.80	0.39	2.60	24	3.50	0.30	2.70
10	2.10	0.37	2.60	25	2.10	0.30	2.80
11	2.40	0.35	2.30	26	2.15	0.30	2.85
12	2.80	0.33	2.20	27	2.60	0.35	2.75
13	1.80	0.35	2.60	28	3.20	0.40	2.80
14	2.10	0.41	2.60	29	3.40	0.35	2.85
15	2.40	0.40	2.70	30	2.00	0.40	2.88

2)工作时间及工作量

(1)设计时间20课时

(2)工作量：

① 单级减速器零件布置草图一张，A3号图纸；

② 单级减速器齿轮传动机构的设计说明书一本；

③ 大齿轮零件图一张，A4号图纸。

附录1 Y系列三相异步电动机

Y系列电动机是一般用途的全封闭自扇冷式鼠笼型三相异步电动机。安装尺寸和功率等级符合IEC标准,外壳防护等级为IP44,冷却方法为IC411,采用连续工作制(S1)。适用于驱动无特殊要求的机械设备,如机床、泵、风机、压缩机、搅拌机、运输机械、农业机械、食品机械等。

Y系列电动机效率高、节能、堵转转矩高、噪音低、振动小、运行安全可靠。Y80～315电动机符合Y系列(IP44)三相异步电动机技术条件JB/T9616-1999。Y355电动机符合Y系列(IP44)三相异步电动机技术条件JB5274-1991。Y80～315电动机采用B级绝缘。Y355电动机采用F级绝缘。额定电压为380V,额定频率为50Hz。功率3kW及以下为Y接法;其它功率均为△接法。电动机运行地点的海拔不超过1000m;环境空气温度随季节变化,但不超过40℃;最低环境空气温度为-15℃;最湿月月平均最高相对湿度为90%;同时该月月平均最低温度不高于25℃。

电动机有一个轴伸,按用户需要,可制成双轴伸。第二轴伸亦能传递额定功率,但只能用联轴器传动。

1.1 Y系列三相异步电动机技术参数数据

同步转速 3000r/min　　　　　　　　　　　　　　　等级:2级的电动机

电动机型号	额定功率	额定电流	转速	效率	功率因数	堵转转矩/额定转矩	堵转电流/额定电流	最大转矩/额定转矩	噪声		振动速度	质量
									1级	2级		
	kW	A	r/min	%	cosΦ	倍	倍	倍	dB(A)		mm/s	kg
Y80M1-2	0.75	1.8	2830	75.0	0.84	2.2	6.5	2.3	66	71	1.8	17
Y80M2-2	1.1	2.5	2830	77.0	0.86	2.2	7.0	2.3	66	71	1.8	18
Y90S-2	1.5	3.4	2840	78.0	0.85	2.2	7.0	2.3	70	75	1.8	22
Y90L-2	2.2	4.8	2840	80.5	0.86	2.2	7.0	2.3	70	75	1.8	25
Y100L-2	3	6.4	2880	82.0	0.87	2.2	7.0	2.3	74	79	1.8	34
Y112M-2	4	8.2	2890	85.5	0.87	2.2	7.0	2.3	74	79	1.8	45

(续表)

电动机型号	额定功率	额定电流	转速	效率	功率因数	堵转转矩/额定转矩	堵转电流/额定电流	最大转矩/额定转矩	噪声 1级	噪声 2级	振动速度	质量
	kW	A	r/min	%	cosΦ	倍	倍	倍	dB(A)	dB(A)	mm/s	kg
Y132S1-2	5.5	11.1	2900	85.5	0.88	2.0	7.0	2.3	78	83	1.8	67
Y132S2-2	7.5	15	2900	86.2	0.88	2.0	7.0	2.3	78	83	1.8	72
Y160M1-2	11	21.8	2930	87.2	0.88	2.0	7.0	2.3	82	87	2.8	115
Y160M2-2	15	29.4	2930	88.2	0.88	2.0	7.0	2.3	82	87	2.8	125
Y160L-2	18.5	35.5	2930	89.0	0.89	2.0	7.0	2.2	82	87	2.8	145
Y180M-2	22	42.2	2940	89.0	0.89	2.0	7.0	2.2	87	92	2.8	173
Y200L1-2	30	56.9	2950	90.0	0.89	2.0	7.0	2.2	90	95	2.8	232
Y200L2-2	37	69.8	2950	90.5	0.89	2.0	7.0	2.2	90	95	2.8	250
Y225M-2	45	84	2970	91.5	0.89	2.0	7.0	2.2	90	97	2.8	312
Y250M-2	55	103	2970	91.5	0.89	2.0	7.0	2.2	92	97	4.5	387
Y280S-2	75	139	2970	92.0	0.89	2.0	7.0	2.2	94	99	4.5	515
Y280M-2	90	166	2970	92.5	0.89	2.0	7.0	2.2	94	99	4.5	566
Y315S-2	110	203	2980	92.5	0.89	1.8	6.8	2.2	99	104	4.5	922
Y315M-2	132	242	2980	93.0	0.89	1.8	6.8	2.2	99	104	4.5	1010
Y315L1-2	160	292	2980	93.5	0.89	1.8	6.8	2.2	99	104	4.5	1085
Y315L2-2	200	365	2980	93.5	0.89	1.8	6.8	2.2	99	104	4.5	1220
Y355M1-2	220	399	2980	94.2	0.89	1.2	6.9	2.2	109		4.5	1710
Y355M2-2	250	447	2985	94.5	0.90	1.2	7.0	2.2	111		4.5	1750
Y355L1-2	280	499	2985	94.7	0.90	1.2	7.1	2.2	111		4.5	1900
Y355L2-2	315	560	2985	95.0	0.90	1.2	7.1	2.2	111		4.5	2105

同步转速 1500r/min 4级的电动机

电动机型号	额定功率	额定电流	转速	效率	功率因数	堵转转矩/额定转矩	堵转电流/额定电流	最大转矩/额定转矩	噪声 1级	噪声 2级	振动速度	质量
	kW	A	r/min	%	cosΦ	倍	倍	倍	dB(A)	dB(A)	mm/s	kg
Y80M1-4	0.55	1.5	1390	73.0	0.76	2.4	6.0	2.3	56	67	1.8	17
Y80M2-4	0.75	2	1390	74.5	0.76	2.3	6.0	2.3	56	67	1.8	17

(续表)

电动机型号	额定功率	额定电流	转速	效率	功率因数	堵转转矩/额定转矩	堵转电流/额定电流	最大转矩/额定转矩	噪声 1级	噪声 2级	振动速度	质量
	kW	A	r/min	%	cosΦ	倍	倍	倍	dB(A)	dB(A)	mm/s	kg
Y90S-4	1.1	2.7	1400	78.0	0.78	2.3	6.5	2.3	61	67	1.8	25
Y90L-4	1.5	3.7	1400	79.0	0.79	2.3	6.5	2.3	62	67	1.8	26
Y100L1-4	2.2	5	1430	81.0	0.82	2.2	7.0	2.3	65	70	1.8	34
Y100L2-4	3	6.8	1430	82.5	0.81	2.2	7.0	2.3	65	70	1.8	35
Y112M-4	4	8.8	1440	84.5	0.82	2.2	7.0	2.3	68	74	1.8	47
Y132S-4	5.5	11.6	1440	85.5	0.84	2.2	7.0	2.3	70	78	1.8	68
Y132M-4	7.5	15.4	1440	87.0	0.85	2.2	7.0	2.3	71	78	1.8	79
Y160M-4	11	22.6	1460	88.0	0.84	2.2	7.0	2.3	75	82	1.8	122
Y160L-4	15	30.3	1460	88.5	0.85	2.2	7.0	2.3	77	82	1.8	142
Y180M-4	18.5	35.9	1470	91.0	0.86	2.0	7.0	2.2	77	82	1.8	174
Y180L-4	22	42.5	1470	91.5	0.86	2.0	7.0	2.2	77	82	1.8	192
Y200L-4	30	56.8	1470	92.2	0.87	2.0	7.0	2.2	79	84	1.8	253
Y225S-4	37	70.4	1480	91.8	0.87	1.9	7.0	2.2	79	84	1.8	294
Y225M-4	45	84.2	1480	92.3	0.88	1.9	7.0	2.2	79	84	1.8	327
Y250M-4	55	103	1480	92.6	0.88	2.0	7.0	2.2	81	86	2.8	381
Y280S-4	75	140	1480	92.7	0.88	1.9	7.0	2.2	85	90	2.8	535
Y280M-4	90	164	1480	93.5	0.89	1.9	7.0	2.2	85	90	2.8	634
Y315S-4	110	201	1480	93.5	0.89	1.8	6.8	2.2	93	98	2.8	912
Y315M-4	132	240	1480	94.0	0.89	1.8	6.8	2.2	96	101	2.8	1048
Y315L1-4	160	289	1480	94.5	0.89	1.8	6.8	2.2	96	101	2.8	1105
Y315L2-4	200	361	1480	94.5	0.89	1.8	6.8	2.2	96	101	2.8	1260
Y355M1-4	220	407	1488	94.4	0.87	1.4	6.8	2.2	106		4.5	1690
Y355M3-4	250	461	1488	94.7	0.87	1.4	6.8	2.2	108		4.5	1800
Y355L2-4	280	515	1488	94.9	0.87	1.4	6.8	2.2	108		4.5	1945
Y355L3-4	315	578	1488	95.2	0.87	1.4	6.9	2.2	108		4.5	1985

同步转速 1000r/min　　6级的电机

型号	额定功率	额定电流	转速	效率	功率因数	堵转转矩/额定转矩	堵转电流/额定电流	最大转矩/额定转矩	噪声 1级	噪声 2级	振动速度	质量
	kW	A	r/min	%	cosΦ	倍	倍	倍	dB(A)	dB(A)	mm/s	kg
Y90S-6	0.75	2.3	910	72.5	0.7	2.0	5.5	2.2	56	65	1.8	21
Y90L-6	1.1	3.2	910	73.5	0.7	2.0	5.5	2.2	56	65	1.8	24
Y100L-6	1.5	4	940	77.5	0.7	2.0	6.0	2.2	62	67	1.8	35
Y112M-6	2.2	5.6	940	80.5	0.7	2.0	6.0	2.2	62	67	1.8	45
Y132S-6	3	7.2	960	83.0	0.8	2.0	6.5	2.2	66	71	1.8	66
Y132M1-6	4	9.4	960	84.0	0.8	2.0	6.5	2.2	66	71	1.8	75
Y132M2-6	5.5	12.6	960	85.3	0.8	2.0	6.5	2.2	66	71	1.8	85
Y160M-6	7.5	17	970	86.0	0.8	2.0	6.5	2.0	69	75	1.8	116
Y160L-6	11	24.6	970	87.0	0.8	2.0	6.5	2.0	70	75	1.8	139
Y180M-6	15	31.4	970	89.5	0.8	1.8	6.5	2.0	70	78	1.8	182
Y200L1-6	18.5	37.7	970	89.8	0.8	1.8	6.5	2.0	73	78	1.8	228
Y200L2-6	22	44.6	980	90.2	0.8	1.8	6.5	2.0	73	78	1.8	246
Y225M-6	30	59.5	980	90.2	0.9	1.7	6.5	2.0	76	81	1.8	294
Y250M-6	37	72	980	90.8	0.9	1.8	6.5	2.0	76	81	2.8	395
Y280S-6	45	85.4	980	92.0	0.9	1.8	6.5	2.0	79	84	2.8	505
Y280M-6	55	104	980	92.0	0.9	1.8	6.5	2.0	79	84	2.8	56
Y315S-6	75	141	980	92.8	0.9	1.6	6.5	2.0	87	92	2.8	850
Y315M-6	90	169	980	93.2	0.9	1.6	6.5	2.0	87	92	2.8	965
Y315L1-6	110	206	980	93.5	0.9	1.6	6.5	2.0	87	92	2.8	1028
Y315L2-6	132	246	980	93.8	0.9	1.6	6.5	2.0	87	92	2.8	1195
Y355M1-6	160	300	990	94.1	0.9	1.3	6.7	2.0	102		4.5	1590
Y355M2-6	185	347	990	94.3	0.9	1.3	6.7	2.0	102		4.5	1665
Y355M4-6	200	375	990	94.3	0.9	1.3	6.7	2.0	102		4.5	1725
Y355L1-6	220	411	991	94.5	0.9	1.3	6.7	2.0	102		4.5	1780
Y355L3-6	250	466	991	94.7	0.9	1.3	6.7	2.0	105		4.5	1865

电动机型号	额定功率	额定电流	转速	效率	功率因数	堵转转矩/额定转矩	堵转电流/额定电流	最大转矩/额定转矩	噪声		振动速度	质量
									1级	2级		
	kW	A	r/min	%	COSΦ	倍	倍	倍	dB(A)		mm/s	kg

同步转速 750r/min 8级的电动机

电动机型号	额定功率 kW	额定电流 A	转速 r/min	效率 %	功率因数 COSΦ	堵转转矩/额定转矩 倍	堵转电流/额定电流 倍	最大转矩/额定转矩 倍	噪声 1级 dB(A)	噪声 2级 dB(A)	振动速度 mm/s	质量 kg
Y132S-8	2.2	5.8	710	80.5	0.7	2.0	5.5	2.0	61	66	1.8	66
Y132M-8	3	7.7	710	82.0	0.7	2.0	5.5	2.0	61	66	1.8	76
Y160M1-8	4	9.9	720	84.0	0.7	2.0	6.0	2.0	64	69	1.8	105
Y160M2-8	5.5	13.3	720	85.0	0.7	2.0	6.0	2.0	64	69	1.8	115
Y160L-8	7.5	17.7	720	86.0	0.8	2.0	5.5	2.0	67	69	1.8	140
Y180L-8	11	24.8	730	87.5	0.8	1.7	6.0	2.0	67	72	1.8	180
Y200L-8	15	34.1	730	88.0	0.8	1.8	6.0	2.0	70	72	1.8	228
Y225S-8	18.5	41.3	730	89.5	0.8	1.7	6.0	2.0	70	75	1.8	265
Y225M-8	22	47.6	730	90.0	0.8	1.8	6.0	2.0	70	75	1.8	296
Y250M-8	30	63	730	90.5	0.8	1.8	6.0	2.0	73	75	1.8	391
Y280S-8	37	78.2	740	91.0	0.8	1.8	6.0	2.0	73	78	2.8	500
Y280M-8	45	93.2	740	91.7	0.8	1.8	6.0	2.0	73	78	2.8	562
Y315S-8	55	114	740	92.0	0.8	1.6	6.5	2.0	82	87	2.8	875
Y315M-8	75	152	740	92.5	0.8	1.6	6.5	2.0	82	87	2.8	1008
Y315L1-8	90	179	740	93.0	0.8	1.6	6.5	2.0	82	87	2.8	1065
Y315L2-8	110	218	740	93.3	0.8	1.6	6.3	2.0	82	87	2.8	1195
Y355M2-8	132	264	740	93.8	0.8	1.3	6.3	2.0	99		4.5	1675
Y355M4-8	160	319	740	94.0	0.8	1.3	6.3	2.0	99		4.5	1730
Y355L3-8	185	368	742	94.2	0.8	1.3	6.3	2.0	99		4.5	1840
Y355L4-8	200	398	743	94.3	0.8	1.3	6.3	2.0	99		4.5	1905

同步转速 600r/min 10级的电动机

Y315S-10	45	101	590	91.5	0.7	1.4	6.0	2.0	82	87	2.8	838
Y315M-10	55	123	590	92.0	0.7	1.4	6.0	2.0	82	87	2.8	960
Y315L2-10	75	164	590	92.5	0.8	1.4	6.0	2.0	82	87	2.8	1180
Y355M1-10	90	191	595	93.0	0.8	1.2	6.0	2.0	96		4.5	1620
Y355M2-10	110	230	595	93.2	0.8	1.2	6.0	2.0	96		4.5	1775
Y355L1-10	132	275	595	93.5	0.8	1.2	6.0	2.0	96		4.5	1880

1.2 外形及安装尺寸

机座带底脚,端盖上无凸缘的电动机

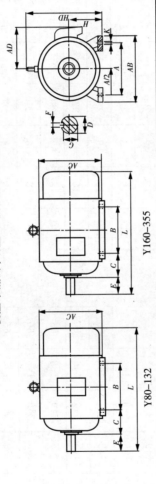

机座号 Frame No.	极数 Poles	安装尺寸 Mounting dimensions										外形尺寸 Overall dimensions				
		A	A/2	B	C	D	E	F	G	H	K	AB	AC	AD	HD	L
80	2.4	125	62.5	100	50	19	40	6	15.5	80	10	165	175	150	175	290
90S	2.4.6	140	70	100	56	24	50	8	20	90	10	180	195	160	195	345
90L	2.4.6	140	70	125	56	24 $^{+0.009}_{-0.004}$	50	8	20	90	10	180	195	160	195	340
100L	2.4.6	180	80	140	63	28	60	8	24	100	12	205	215	180	245	380
112M	2.4.6	190	95	140	70	28	60	8	24	112	12	245	240	190	265	400

（续表）

机座号 Frame No.	极数 Poles	安装尺寸 Mounting dimensions											外形尺寸 Overall dimensions			
		A	A/2	B	C	D		E	F	G	H	K	AB	AC	AD	HD	L
132S	2,4,6	216	108	140	89	38		80	8	33	132	12	280	275	210	315	475
132M	2,4,6,8	216	108	178	89	38		80	10	33	132	12	280	275	210	315	515
160M	2,4,6,8	254	127	210	8	42	+0.018	110	12	37	160	15	330	335	265	385	605
160L	2,4,6,8	254	127	254	108	42	+0.002	110	12	37	160	15	330	335	265	385	650
180M	2,4,6,8	279	140	241	121	48		110	14	42.5	180	15	355	380	285	430	670
180L	2,4,6,8	279	140	279	121	48		110	14	42.5	180	15	355	380	285	430	710
200L	2,4,6,8	318	159	305	133	55		110	16	49	200	19	395	420	315	475	775
225S	4,8	356	178	286	149	60		140	18	53	225	19	435	475	345	530	820
225M	2	356	178	311	149	55		110	16	49	225	19	435	475	345	530	815
225M	4,6,8	356	178	311	149	60		140	18	53	225	19	435	475	345	530	845
250M	2	406	203	249	168	65	+0.030	140	18	53	250	24	490	515	385	575	930
250M	4,6,8	406	203	249	168	60	+0.011	140	18	58	250	24	490	515	385	575	930
280S	2	457	229	368	190	75		140	20	58	280	24	550	580	410	640	1000
280S	4,6,8	457	229	368	190	65		140	18	67.5	280	24	550	580	410	640	1000
280M	2	457	229	419	190	75		140	20	58	280	24	550	580	410	640	1050
280M	4,6,8	457	229	419	190	75		140	20	67.5	280	24	550	580	410	640	1050
355M	2	610	305	560	254	95	+0.035	170	25	67.5	355	28	740	750	680	1035	1540
355M	4,6,8,10	610	305	560	254	95	+0.013	170	25	86	355	28	740	750	680	1035	1570

(续表)

机座号 Frame No.	极数 Poles	安装尺寸 Mounting dimensions										外形尺寸 Overall dimensions				
		A	A/2	B	C	D	E	F	G	H	K	AB	AC	AD	HD	L
355L	2	610	305	670	254	75 $^{+0.030}_{+0.011}$	140	20	67.5	355	28	740	750	680	1035	1540
	4、6、8、10	610	305	670	254	95 $^{+0.030}_{+0.013}$	170	25	86	355	28	740	750	680	1035	1570

注：80、90 机底无吊环。

附录2 标准尺寸

表2-1 标准尺寸(直径、长度和高度)(摘自GB2822-1981) mm

R10	R20	R10	R20	R40	R10	R20	R40	R10	R20	R40	R10	R20	R40
1.25	1.25	12.5	12.5	12.5	40.0	40.0	40.0	125	125	125	400	400	400
	1.40			13.2			42.5			132			425
1.60	1.60		14.0	14.0		45.0	45.0		140	140		450	450
	1.80			15.0			47.5			150			475
2.00	2.00	16.0	16.0	16.0	50.0	50.0	50.0	160	160	160	500	500	500
	2.24			17.0			53.0			170			530
2.50	2.50		18.0	18.0		56.0	56.0		180	180		560	560
	2.80			19.0			60.0			190			600
3.15	3.15	20.0	20.0	20.0	63.0	63.0	63.0	200	200	200	630	630	630
	3.55			21.2			67.0			212			670
4.00	4.00		22.4	22.4		71.0	71.0		224	224		710	710
	4.50			23.6			75.0			236			750
5.00	5.00	25.0	25.0	25.0	80.0	80.0	80.0	250	250	250	800	800	800
	5.60			26.5			85.0			265			850
6.30	6.30		28.0	28.0		90.0	90.0		280	280		900	900
	7.10			30.0			95.0			300			950
8.00	8.00	31.5	31.5	31.5	100	100	100	315	315	315	1000	1000	1000
	9.00			33.5			106			335			1060
10.0	10.0		35.5	35.5		112	112		355	355		1120	1120
	11.2			37.5			118			375			1180

注:(1)选用标准尺寸的顺序为R10、R20、R40;
(2)本标准适用于机械制造业中有互换性或系列化要求的主要尺寸,其他结构尺寸也应尽量采用。对已有专用标准(如滚动轴承、联轴器等)规定的尺寸,按专用标准选用。

附录3 齿轮标准模数

表 3-1 齿轮标准模数表

第一系列	0.1	0.12	0.15	0.2	0.25	0.3	0.4	0.5	0.6	0.8	1
	1.25	1.5	2	2.5	3	4	5	6	8	10	12
	16	20	25	32	40	50					
第二系列	0.35	0.7	0.9	1.75	2.25	2.75	(3.25)	3.5	(3.75)	4.5	5.5
	(6.5)	7	9	(11)	14	18	22	28	36	45	

注:优先选择第一系列的模数值。

参 考 文 献

[1] 王宏臣,刘永利. 机构设计与零部件应用[M]. 天津:天津大学出版社,2009.

[2] 王宏臣,刘永利. 机构设计与零部件应用——情境教学设计与任务书[M]. 天津:天津大学出版社,2010.

[3] 柴鹏飞,王晨光. 机械设计课程设计指导书(第2版)[M]. 北京:机械工业出版社,2009.

[4] 唐增宝,常建娥. 机械设计课程设计(第3版)[M]. 武汉:华中科技大学出版社,2006.